配电网无人机巡检作业一本通

人机协同

国网浙江省电力有限公司 ◎ 编著

图书在版编目（CIP）数据

配电网无人机巡检作业一本通. 人机协同 / 国网浙江省电力有限公司编著. -- 北京：企业管理出版社，2024.5
ISBN 978-7-5164-3060-6

Ⅰ. ①配…　Ⅱ. ①国…　Ⅲ. ①无人驾驶飞机－应用－配电系统－巡回检测－技术培训－教材　Ⅳ. ①M727

中国国家版本馆CIP数据核字(2024)第081381号

书　　名:	配电网无人机巡检作业一本通. 人机协同	**书　　号:**	ISBN 978-7-5164-3060-6
作　　者:	国网浙江省电力有限公司	**责任编辑:**	蒋舒娟
出版发行:	企业管理出版社	**经　　销:**	新华书店
地　　址:	北京市海淀区紫竹院南路17号	**邮　　编:**	100048
网　　址:	http://www.emph.cn	**电子信箱:**	26814134@qq.com
电　　话:	编辑部（010）68701661　发行部（010）68701816	**印　　刷:**	北京亿友创新科技发展有限公司
版　　次:	2024年5月第1版	**印　　次:**	2024年5月第1次印刷
规　　格:	700mm × 1000mm　1/32	**印　　张:**	4印张
字　　数:	93千字	**定　　价:**	98.00元

编委会

主　编：马振宇　刘文灿

副主编：叶润潮　闵　洁

成　员：（按音序排名）

蔡婉琪　陈佳煜　陈　琳　陈卫林　陈　悦
高旭启　胡　洁　胡哲千　李　晋　李世添
李扬帆　林　翔　刘　杨　鲁仁桃　陆斌海
秦　政　施震华　吴克淡　叶克建　袁林峰
章为培　赵家婧　仲　赞　周华丽

【前言】

自 2018 年以来，国网浙江省电力有限公司以建设现代设备管理体系为契机，以逐年提升供电可靠性为目标，积极推进传统巡检向智能巡检的转变，推动人工智能技术与配电网巡检业务的融合，逐步以无人机巡检配电网架空线路代替传统人工巡检。除应用无人机开展配电网架空线路巡检作业外，还覆盖无人机配电网工程验收、红外测温、牵引放线作业、应急故障巡视、应急照明辅助抢修、喷火除障、激光雷达点云数据采集、带电作业现场安全监督等应用场景，但均无统一的作业标准、规范和流程。

为进一步提高公司一线员工对配电网架空线路无人机应用场景的了解，同时规范无人机作业流程和作业标准，国网浙江省电力有限公司培训中心组织编写《配电网无人机巡检作业一本通》，以此作为一线员工的培训教材，从“人机协同”“自主巡检”“拓展应用”三个角度阐述无人机在实际配电网架空线路巡检过程中的应用场景、作业标准、作业规范和作业流程等内容。

在编写过程中，编写组按照作业项目的基本流程，在保证各环节符合规范要求的基础上，形成本书的文字内容。在此基础上，请一线专家演示，自编、自导、自演，拍摄大量的图片，对作业项目中无人机飞行的标准、安全飞行距离、标准拍摄顺序和角度等进行说明和规范展示，这对无人机应用的具体操作起到规范作用。

本书以配电网无人机巡检作业为立足点，围绕“人机协同”“自主巡检”“拓展应用”三类现场作业场景，介绍配电网无人机巡检作业的应用场景；对作业前、作业中、作业后的作业概况、作业条件、作业标准流程、作业注意事项及作业后数据上传等内容进行详细讲解，具备很强的实用性，可供从事配电网无人机巡检作业一线员工学习参考。

由于编者水平所限，疏漏之处在所难免，恳请各位专家、读者提出宝贵意见！

编写组

2023 年 12 月 25 日

【目录】

第 1 章　配电网无人机架空线路精细化巡检

1.1 作业概况

1.1.1 精细化巡检概述

配电网无人机精细化巡检，运用配备高清可见光镜头或热成像镜头的无人机对架空线路、杆塔、柱上开关、金具、配电变压器及台架、防雷和接地装置、配电自动化设备及相关附属设施等进行整体或局部巡检作业。

1.1.2 精细化巡检周期

根据《国网浙江省电力有限公司配电网无人机规模化应用工作方案》中的精细化巡检要求，公司坚持使用无人机对架空配电线路开展“一年一次精细化巡检”，在发生洪涝灾害、台风等极端天气后，还对高风险区域进行精细化特殊巡检，开展隐患排查。

1.2 作业条件

1.2.1 空域环境

（1）开展架空配电线路无人机作业应遵守《无人驾驶航空器飞行管理暂行条例》（国务院、中央军事委员会令第 761 号）及其他相关国家法律法规与地方政策，规范化使用空域。

（2）未经空中交通管制批准，无人机不得在空中危险区、空中禁区、空中限制区飞行。

（3）执行作业任务前，有关部门应按照有关流程办理空域申请手续。

1.2.2 气象条件

在以下气象条件下，不宜开展配电网无人机巡检作业。

（1）能见度小于 300m 的天气情况。

（2）5 级以上大风或阵风。

（3）雾、雪、大雨、冰雹等恶劣天气。如突遇以上天气变化，已开展的作业应及时终止。

1.2.3 作业现场环境

（1）作业前，应提前勘察、判断作业环境是否满足无人机起降要求。

（2）作业人员应熟悉掌握飞行作业线路情况。

（3）作业现场应远离爆破、射击、烟雾、火焰、机场、铁路、人群密集、高大建筑、军事管辖、无线电干扰等可能影响无人机飞行的区域。无人机不宜在变电站（所）、电厂上空穿越。

（4）无人机的起降点应与配电线路和其他设备及附属设施保持足够的安全距离，具备起降条件。

（5）作业前，无人机应预先勘察好紧急情况下的安全降落地点。

（6）无人机起飞和降落时，作业人员应与其始终保持足够的安全距离，不应站在无人机航线的正下方。

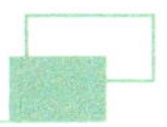

（7）作业人员划定作业区域，确保其不受外部环境干扰，必要时，可在现场设置安全围栏。

（8）作业现场不应使用可能对无人机通信链路造成干扰的电子设备。

（9）应在作业环境内有信号塔、居民城区信号干扰较多的地区减少超视距飞行。

（10）作业区域处于狭长地带或大档距、大落差等特殊区域时，作业人员应根据无人机的性能及气象情况判断是否开展作业。

1.2.4 人员情况

（1）作业人员需熟悉配电网无人机作业系统，取得《无人驾驶航空器飞行管理暂行条例》（国务院、中央军事委员会令第 761 号）规定的相应驾驶员资质证。

（2）作业人员包括工作负责人（一名）和工作班成员，工作班成员至少包括一名无人机驾驶员（以下简称“飞手”），必要时应增设无人机观测员岗。

1.3 巡检计划建立及设备领用

1.3.1 巡检计划编制及发布

作业前，通过供电服务指挥系统提前发布巡检计划至移动端 App（浙江配电），如图 1-1 所示；根据作业任务开具工作任务单如表 1-1 所示。（本作业机型以不带屏御 2 为例）

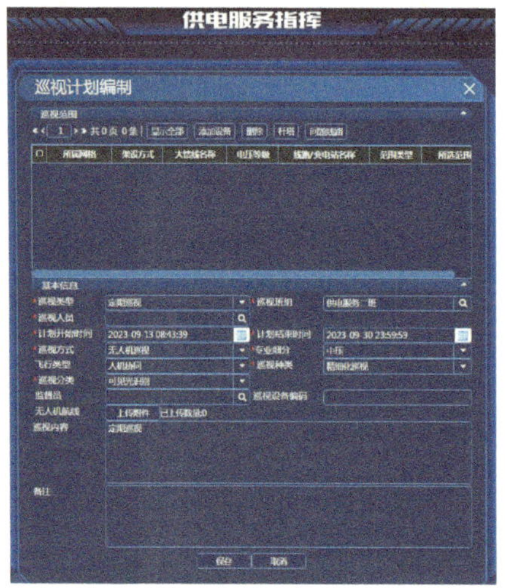

图1-1　巡检计划编制及发布

表1-1　工作任务单

单位：　×× 供电所	编号：2023-09-13-XW-01
1. 工作负责人：××× 　　工作许可人：×××	
2. 工作班：配电运检班 工作班成员：×××	

3. 作业性质：

自主巡检（ ） 精细化巡检（ √ ） 工程验收（ ） 通道巡检（ ） 故障巡检（ ） 特殊巡检（ ）
红外测温（ ） 点云数据采集（ ）

4. 无人机型号及组成：御 2 Zoom

5. 使用空域范围：（10kV 溪南 ×× 线、10kV 古城 ×× 线）

6. 工作任务：10kV 溪南 ×× 线、10kV 古城 ×× 线无人机精细化巡检

7. 安全措施（必要时可附页绘图说明）

7.1 飞行巡检安全措施

①巡检作业时，时刻注意无人机各项数据是否正常；
②巡检作业时，无人机距带电设备距离不小于 3m，距周边障碍物距离不小于 5m；
③无人机巡检飞行速度不宜大于 10m/s；
④确认气象条件是否满足无人机作业要求；
⑤检查起降点净空范围内有无障碍物，满足安全起降要求。

7.2 安全策略

①当无人机巡检系统在飞行过程中出现偏离航线的情况时，飞手应采用一键返航；
②当无人机意外坠落时，飞手应第一时间切断动力电源；
③应提前设置 20%~30% 的低电压报警功能。

7.3 其他安全措施和注意事项

①在巡检过程中，飞手始终注意观察无人机电机转速、电池电压、航向、飞行姿态等遥测参数，出现异常时应立即报告工作负责人；
②如遇雷、雨、大风天气应停止作业，无人机立即返航就近降落；
③操作人员工作前 8 小时不得饮酒。

8. 许可方式及时间

许可方式：当面通知
许可时间：____年____月____日____时____分至____年____月____日____时____分

9. 作业情况 作业自____年____月____日____时____分开始，于____年____月____日____时____分，无人机撤收完毕，现场清理完毕，作业结束。 工作负责人于____年____月____日____时____分 向工作许可人 用当面报告方式汇报。 无人机巡检系统状况：良好	
工作负责人（签名）：×××	工作许可人：×××
填写时间：____年____月____日	

1.3.2 设备领用

作业前，飞手需到所在单位仓库填写设备领用单，写明无人机及相关配件型号及数量（御 2 无人机一台、电池若干、桨叶若干、存储卡一张），作业完成后及时归还，如图 1-2 和图 1-3 所示。

无人机出入库登记表

无人机型号	出库记录				入库记录			
	时间	无人机数量	电池数量	领用人签字	时间	无人机数量	电池数量	送回人签字

图1-2　无人机出入库登记表

图1-3　填写无人机出入库登记表

1.3.3 设备检查

（1）检查无人机本体及电池、桨叶、存储卡等配件状况，判断其是否满足作业条件，提前开机自检，如图 1-4、图 1-5、图 1-6 所示。

图1-4　外观检查

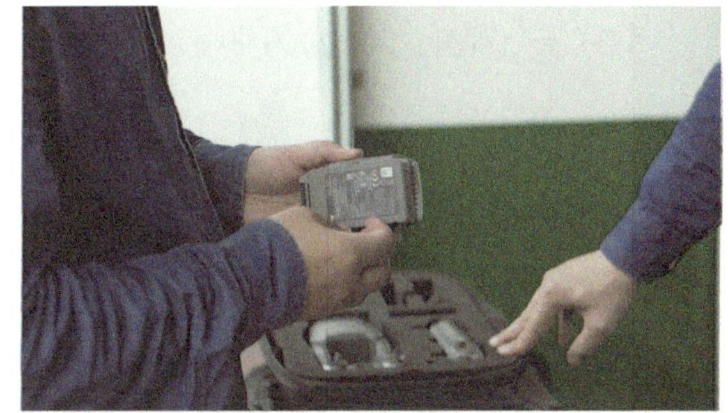

图1-5　电池检查

（2）准备并打印需要巡检作业的架空线路单线图。

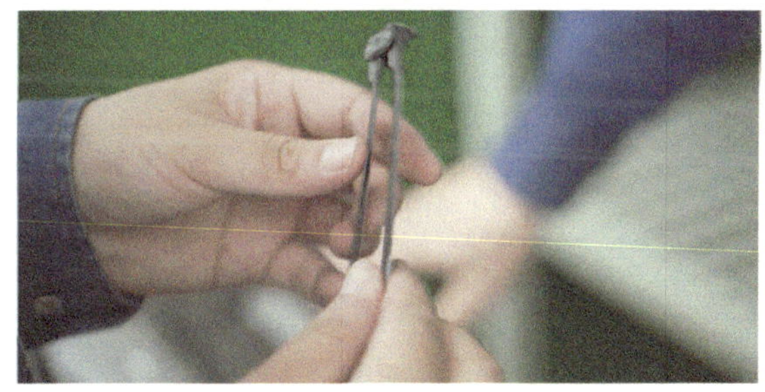

图1-6　桨叶检查

1.4 现场作业前准备

1.4.1 现场环境确认

（1）检查是否有临时变更的禁飞区域，飞行是否会影响周边相关部门，如图 1-7 所示。

（2）天气观测：天气应为非雨、雪、雾、大风天气，现场风速应≤ 5 级，如图 1-8 所示 。

图1-7　现场勘察

图1-8　天气观测

（3）环境观察：作业线路周围是否有可能影响信号传输的建筑、高山等遮挡物，如图 1-9 所示。

（4）现场作业范围内应有适合无人机的起飞和降落地点，如图 1-10 所示。

图1-9　环境观察

图1-10　起降点确定

1.4.2 现场站班会

作业前应开站班会，开展“三交三查”工作。“三交”是交任务、交安全、交措施；“三查”是查工作着装、查精神状态、查个人安全用具，并签字确认，如图 1-11 和图 1-12 所示。检查完毕后工作许可人对工作进行许可。

图1-11　三交三查

图1-12　签字确认

1.4.3 无人机组装及检查

（1）飞手按步骤安装无人机：展开无人机机臂，安装桨叶；用数据线连接遥控器与监视设备，展开遥控器天线；检查确认电池及遥控器电池电量，安装无人机电池，如图 1-13、图 1-14、图 1-15、图 1-16 和图 1-17 所示。

图1-13　展开机臂

图1-14　安装桨叶

图1-15　连接遥控器与监视设备

图1-16　展开摇控器天线

图1-17　安装电池

（2）无人机放置在起降点，通过“短按 + 长按”的方法，开启遥控器电源；以相同方式开启无人机电源；打开显示器（不带屏遥控器）电源。进入移动端 App（浙江配电）操作界面，检查确认飞行器状态列表中无异常报错，检查摇杆模式，检查返航高度，检查确认飞行模式为 P 模式，测试拍摄功能是否正常，确认照片储存位置，检查确认无人机完成返航点刷新状态。如图 1-18、图 1-19、图 1-20 和图 1-21 所示。

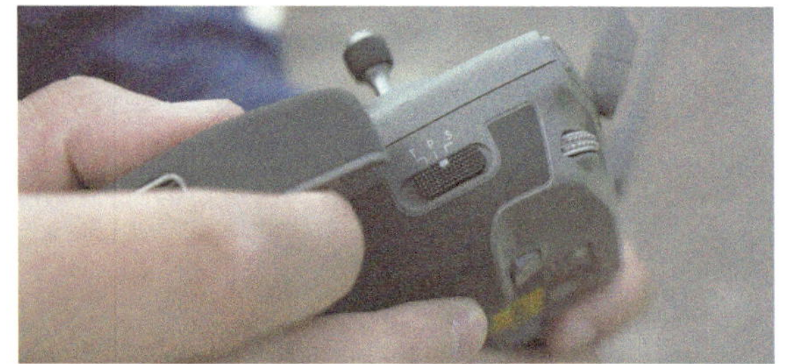

图1-18　开启摇控器电源

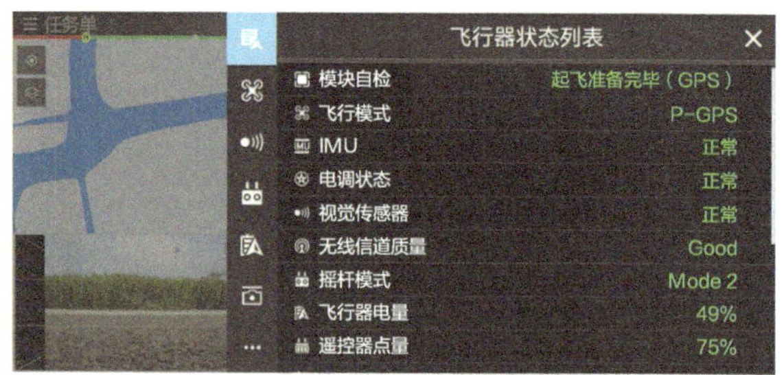

图1-19　检查飞行器状态列表1

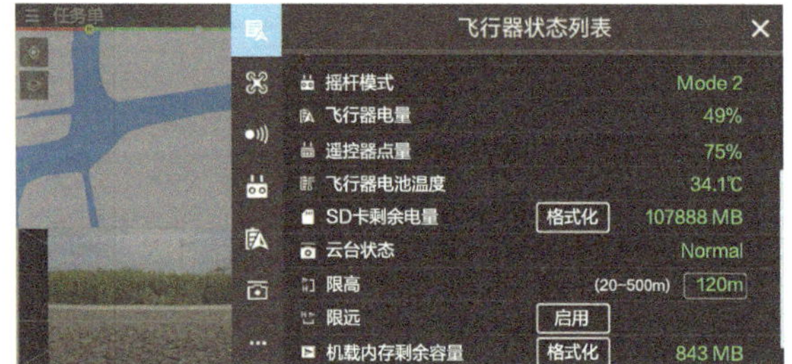

图1-20　检查飞行器状态列表2

图1-21　测试拍摄功能是否正常

1.5 飞行作业

1.5.1 任务加载

打开移动终端 App（浙江配电），选择供电服务指挥系统下发的相应任务，点击任务执行，如图 1-22 和图 1-23 所示。

图1-22　选择任务

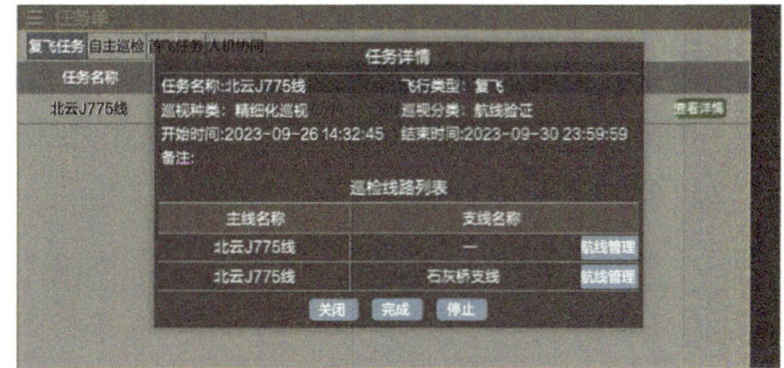

图1-23　加载任务

1.5.2 无人机解锁起飞

解锁启动无人机，使其飞至飞手正前方（距离 2~3 米），如图 1-24 所示。

图1-24　解锁启动无人机

1.5.3 巡检内容及要求

无人机精细化巡检是发现缺陷与隐患的重要方式，通过全面检查架空线路，及时发现缺陷与隐患，为消缺及线路综合检修提供支撑。

无人机精细化巡检分为可见光巡检与红外测温巡检两种形式，这两种形式可独立或同时进行。可见光精细化巡检中，无人机主要对杆塔本体、导线、连接点、绝缘子、横担、拉线、金具、变压器及柱上断路器、异物、树障等进行精细化检查和拍摄，发现设备缺陷与隐患；红外测温巡检方式详见第 4 章 。

精细化巡检拍摄图片方式如下：可见光图片包括杆塔斜上方方向小号侧拍摄 1 张、杆塔正上方拍摄杆顶 1 张、杆塔斜上方向大号侧拍摄 1 张、柱上开关设备 1 张、柱上变压器 2 张。

不同类型配电网线路杆塔的拍摄规则参考表 1-2、表 1-3 和表 1-4。

表1-2　10kV单回路直线杆塔无人机巡视拍摄规则

无人机悬停区域	拍摄部位编号	拍摄部位	无人机拍摄位置	拍摄角度	拍摄质量要求
A-1	1	小号侧	线路通道正面面向小号侧俯视拍摄	俯视	能够清楚地看到绝缘子本体和匝线扎绑处（见图 1-25）
B-2	2	杆塔顶	杆塔正上方拍摄塔顶	俯视	能够完整看到杆塔塔头（见图 1-26）
C-3	3	大号侧	线路通道面向大号侧俯视拍摄	俯视	能够清楚地看到绝缘子本体和匝线扎绑处（见图 1-27）

图1-25　小号侧拍摄效果

图1-26　杆塔顶部拍摄效果

图1-27　大号侧拍摄效果

柱上变压器无人机巡视拍摄顺序如图 1-28 所示。

表1-3　10kV柱上变压器无人机巡视拍摄规则

无人机悬停区域	拍摄部位编号	拍摄部位	无人机拍摄位置	拍摄角度	拍摄质量要求
A-1	1	小号侧	线路通道正面面向小号侧俯视拍摄	俯视	能够清楚地看到绝缘子本体和匝线扎绑处（见图 1-29）
B-2	2	杆塔顶	杆塔正上方拍摄塔顶	俯视	能够完整地看到杆塔塔头（见图 1-30）
C-3	3	大号侧	线路通道面向大号侧俯视拍摄	俯视	能够清楚地看到绝缘子本体和匝线扎绑处（见图 1-31）
D-4	4	柱上变压器	从杆塔侧面向下俯视拍摄	俯视	能够清晰地看到接线连接处（见图 1-32）
E-5	5	令克及引线	从杆塔侧面向下俯视拍摄	俯视	能够清晰分辨拍摄令克及引线情况（见图 1-33）

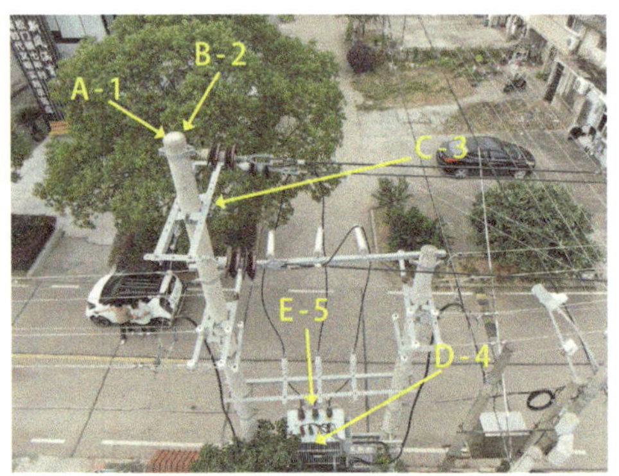

图1-28　柱上变压器无人机巡视拍摄顺序

图1-29　小号侧拍摄效果

图1-30　杆塔顶部拍摄效果

图1-31　大号侧拍摄效果

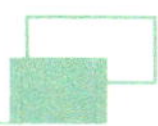

图1-32　柱上变压器拍摄效果

图1-33　令克及引线拍摄效果

柱上开关无人机巡视拍摄顺序如图 1-34 所示。

表1-4　10kV柱上开关无人机巡视拍摄规则

无人机悬停区域	拍摄部位编号	拍摄部位	无人机拍摄位置	拍摄角度	拍摄质量要求
A-1	1	小号侧	线路通道正面面向小号侧俯视拍摄	俯视	能够清楚地看到绝缘子本体和匝线扎绑处（见图 1-35）
B-2	2	杆塔顶	杆塔正上方拍摄塔顶	俯视	能够完整地看到杆塔塔头（见图 1-36）
C-3	3	大号侧	线路通道面向大号侧俯视拍摄	俯视	能够清楚地看到绝缘子本体和匝线扎绑处（见图 1-37）
D-4	4	柱上开关	杆塔左侧杆塔头梢下方俯视拍摄柱上开关	俯视	能够清楚地看到设备开关的连接节点（见图 1-38）
E-5	5	引线	杆塔左侧杆塔头梢下方俯视拍摄	俯视	能够完整清晰地看到引线（见图 1-39）

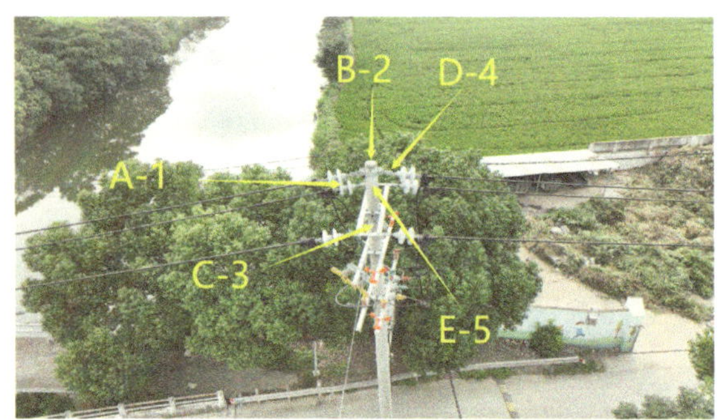

图1-34　柱上开关无人机巡视拍摄顺序

图1-35　小号侧拍摄效果

图1-36　杆塔顶部拍摄效果

图1-37　大号侧拍摄效果

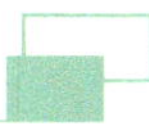

图1-38　柱上开关拍摄效果

图1-39　引线拍摄效果

1.6 飞行结束

根据现场作业环境条件，在降落点位置有两种返航方式可以选择，一是手动返航，二是自动返航。

1.6.1 手动返航

作业完成后，操作无人机至安全高度，查看无人机遥控器画面左下角小地图中无人机起降点位置，控制无人机机头朝向起降点飞回，无人机降落至起降点位置上方，距离地面 0.5m 时，将油门摇杆向下打到底，无人机缓慢下降至起降点，最后松开油门摇杆，如图 1-40 和图 1-41 所示。

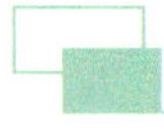

图1-40　操控无人机朝向至起降点

图1-41　降落无人机

1.6.2 自动返航

作业完成后，点击“自动返航”按键或选择“自动返航”选项并滑动，无人机将自动上升至安全高度，沿既定返航高度直线飞行至起降点位置上方，然后自动降落。

自动返航时注意以下内容。

自动返航设置：根据巡视现场环境条件，在移动端App（浙江配电）设置好返航高度，返航高度高于周边建筑物、构筑物等。自动返航界面如图1-42所示。

图1-42　自动返航界面

1.7 作业完成

1.7.1 任务提交

无人机降落后，在任务列表中选择刚执行的巡检作业架次，点击“提交”。根据现场工作需求确定是否由App即刻执行“航飞图片上传”任务(如现场不执行“航飞图片上传”，后续图片上传操作步骤见1.7.2)。如图1-43和图1-44所示。

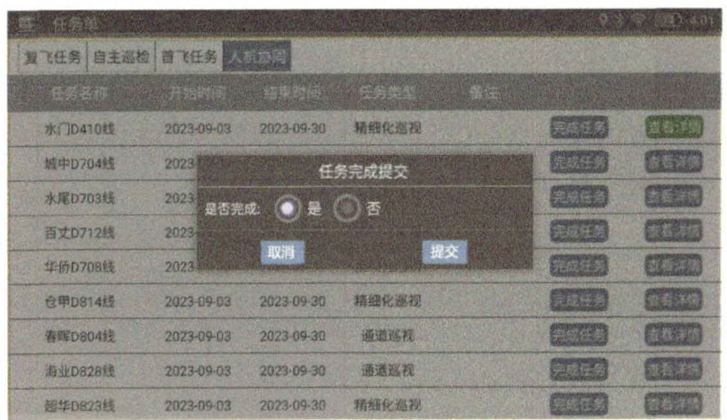

图1-43　任务提交

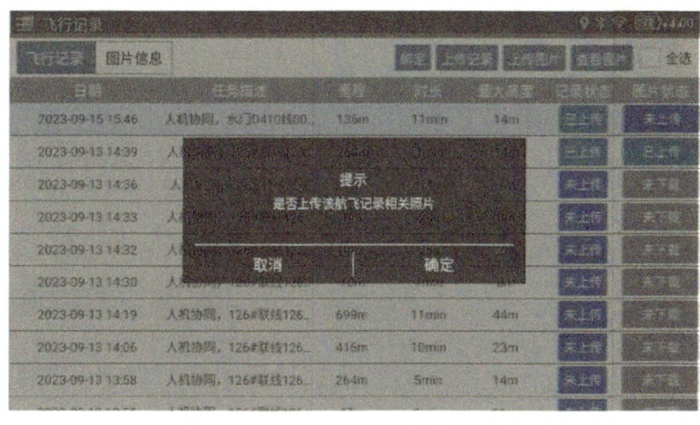

图1-44　航飞记录图片上传界面

1.7.2 上传巡检照片

巡检记录上传，提交任务后，在飞行记录中选择刚才执行的巡检作业架次，点击“查看图片”按钮；待图片加载完成后返回飞行记录界面，点击“上传图片”按钮（上传图片、下载图片如报错：上传失败、下载失败，重启无人机遥控器即可）。如图 1-45、图 1-46 和图 1-47 所示。

飞行记录

飞行记录 图片信息 绑定 上传记录 上传图片 查看图片 全选

日期	任务描述	里程	时长	最大高度	记录状态	图片状态
2023-09-15 15:46	人机协同，水门D410线00...	136m	11min	14m	已上传	未下载
2023-09-13 14:39	人机协同，126#联线126...	263m	1min	14m	已上传	已上传
2023-09-13 14:36	人机协同,未绑定杆塔巡视	0m	14s	1m	未上传	未下载
2023-09-13 14:33	人机协同，126#联线126...	0m	23s	0m	未上传	未下载
2023-09-13 14:32	人机协同，126#联线126...	0m	26s	2m	未上传	未下载
2023-09-13 14:30	人机协同，126#联线126...	10m	1min	8m	未上传	未下载
2023-09-13 14:19	人机协同，126#联线126...	699m	11min	44m	未上传	未下载
2023-09-13 14:06	人机协同，126#联线126...	416m	10min	23m	未上传	未下载
2023-09-13 13:58	人机协同，126#联线126...	264m	5min	14m	未上传	未下载

图1-45　查看图片

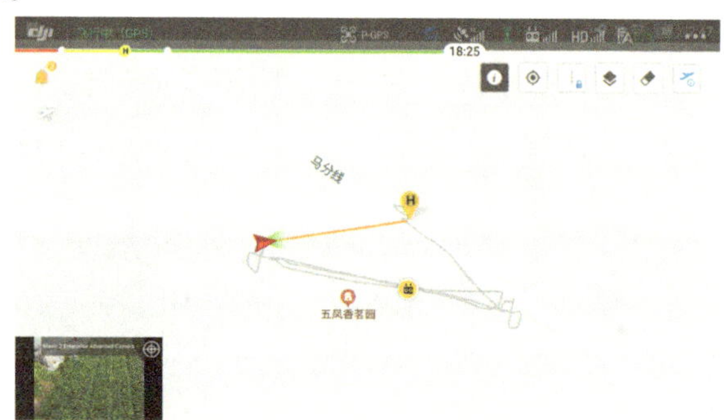

图1-46　查看小地图

飞行记录

飞行记录 图片信息 绑定 上传记录 上传图片 查看图片 全选

日期	任务描述	里程	时长	最大高度	记录状态	图片状态
2023-09-15 15:46	人机协同，水门D410线00...	136m	11min	14m	已上传	未下载
2023-09-13 14:39	人机协同，126#联线126...	263m	1min	14m	已上传	已上传
2023-09-13 14:36	人机协同,未绑定杆塔巡视	0m	14s	1m	未上传	未下载
2023-09-13 14:33	人机协同，126#联线126...	0m	23s	0m	未上传	未下载
2023-09-13 14:32	人机协同，126#联线126...	0m	26s	2m	未上传	未下载
2023-09-13 14:30	人机协同，126#联线126...	10m	1min	8m	未上传	未下载
2023-09-13 14:19	人机协同，126#联线126...	699m	11min	44m	未上传	未下载
2023-09-13 14:06	人机协同，126#联线126...	416m	10min	23m	未上传	未下载
2023-09-13 13:58	人机协同，126#联线126...	264m	5min	14m	未上传	未下载

图1-47　上传图片

1.7.3 设备收回

按照设备出库清单，将无人机设备和备品备件足额收回，如图 1-48 和图 1-49 所示。

图1-48　无人机收回

图1-49　无人机整理完成

1.7.4 终结无人机作业任务单

根据此架次巡检作业实际情况，终结无人机作业任务，如图 1-50 所示。

图1-50　任务单终结

1.7.5 入库检查

无人机收回后，应有专人检查无人机的外观和链路，然后无人机入库，如图 1-51 和图 1-52 所示。

图1-51　入库前无人机检查

图1-52　设备归还签字

1.8 资料归档

1.8.1 导出照片

作业全部结束后，无人机飞手将数据存储卡通过读卡器连接至电脑，将巡检照片导出，如图 1-53 和图 1-54 所示。

图1-53　读卡器连接电脑

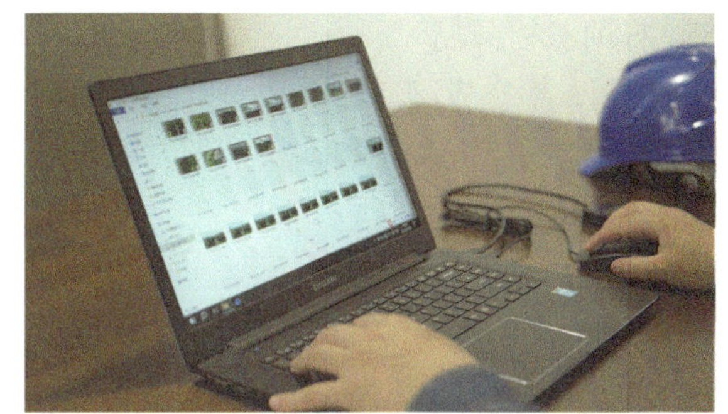

图1-54　导出拍摄图片

1.8.2 照片命名归档

巡检照片导出后，按规范格式重命名并归档。命名需体现设备双重名称，杆塔拍摄位置信息，如为双回路/多回路同杆架设线路，需在照片命名中标注，以便后续检索。

参考命名格式如下（各公司可根据内部配电网线路命名规范调整）。

（1）单回路正线：[××$××× 线]+[×× 号杆]+[小号侧/杆顶/大号侧]

例 1：透里 W033 线 1 号杆小号侧

例 2：透里 W033 线 11-6 号杆大号侧

（2）双回路正线：[××$××× 线]（第一条线路）+[××$××× 线]（第二条线路）++[×× 号杆]+[小号

侧 / 杆顶 / 大号侧]

例 1：相公 W726 线、现桥 W725 线 3 号杆小号侧

例 2：相公 W726 线、现桥 W725 线 5-8-3 号杆大号侧

如图 1-55 所示。

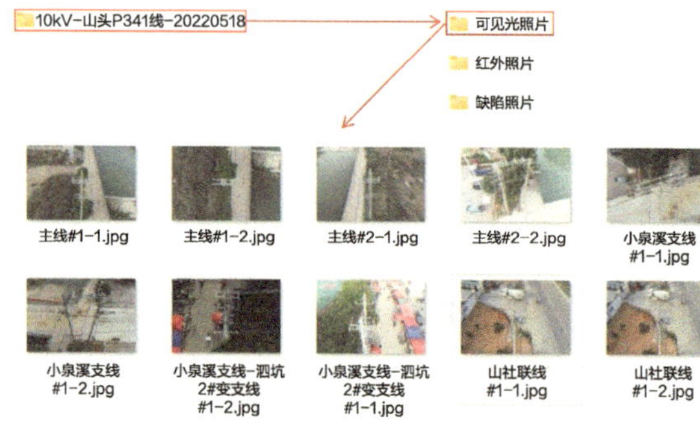

图1-55　规范命名

1.8.3 制作巡检报告

根据巡检情况，按照巡检人员、巡检线路名称、巡检区段、巡检时间、巡检方式、缺陷等级、缺陷照片等制作巡检报告。如图 1- 56 所示。

××供电公司10kV线路无人机××巡视

1. 巡视概况：

线路名称	山头 P341 线
巡检区段	#1-#100
负责人	
飞机型号	
巡检时间	2022-05-18 14:25 - 2022-05-18 16:25
备注	

2. 缺陷汇总：

2.1 缺陷统计：

巡检方式	危急	严重	一般	其他	合计
可见光	0	2	1	0	3

2.2 缺陷汇总：

序号	杆塔区段	缺陷描述	缺陷等级	巡检方式	详情
1	山头 P341 线#4	杆身倾斜	一般	可见光	附录 A. 1
2	山头 P341 线#4	绝缘子破损	严重	可见光	附录 A. 2
3	山头 P341 线#5	导线未绑扎	严重	可见光	附录 A. 3

图1-56　巡检报告

第 2 章 工程验收

2.1 作业概况

2.1.1 无人机工程验收概述

无人机工程验收，即针对各类配电网架空线路新（扩）建、改造、检修、用户接入及用户设备移交工程，通过无人机搭载可见光变焦镜头拍摄设备关键部位照片，并对照国网典设及设备装配验收规范，最终形成验收结论。相较于传统人工登杆的工程验收方式，无人机工程验收拓展了验收视角，降低了人员登杆的安全风险，验收效率提升显著。

2.1.2 无人机工程验收时间

根据《国网浙江省电力有限公司配电网无人机规模化应用工作方案》中的无人机工程验收要求，架空配电线路坚持开展“一辈子一次工程验收”，即工程竣工后投产前，开展一次无人机工程验收，拍摄的照片作为工程竣工档案资料进行归档。

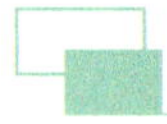

2.2 作业条件

2.2.1 空域环境

（1）开展架空配电线路无人机作业的各单位应遵守《无人驾驶航空器飞行管理暂行条例》（国务院、中央军事委员会令第761号）及其他相关国家法律法规与地方政策，规范化使用空域。

（2）未经空中交通管制批准，无人机不得在空中危险区、空中禁区、空中限制区飞行。

（3）执行作业任务前，有关部门应按照有关流程办理空域申请手续。

2.2.2 气象条件

在以下气象条件下，不宜开展无人机巡检作业。

（1）能见度小于300m的天气情况。

（2）5级以上大风或阵风。

（3）雾、雪、大雨、冰雹等恶劣天气。如突遇以上天气变化，已开展的作业应及时终止。

2.2.3 作业现场环境

（1）作业前，应提前勘察、判断作业环境是否满足无人机起降要求。

（2）作业人员应熟悉掌握飞行作业线路情况。

（3）作业现场应远离爆破、射击、烟雾、火焰、机场、铁路、人群密集、高大建筑、军事管辖、无线电干扰等可能影响无人机飞行的区域。无人机不宜在变电站（所）、电厂上空穿越。

（4）无人机的起降点应与配电线路和其他设备及附属设施保持足够的安全距离，具备起降条件。

（5）作业前，无人机应预先勘察好紧急情况下的安全降落地点。

（6）无人机起飞和降落时，作业人员应与其始终保持足够的安全距离，不应站在无人机航线的正下方。

（7）作业人员划定作业区域，确保其不受外部环境干扰，必要时，可在现场设置安全围栏。

（8）作业现场不应使用可能对无人机通信链路造成干扰的电子设备。

（9）应在环境内有信号塔、居民城区信号干扰较多的地区减少超视距飞行。

（10）作业区域处于狭长地带或大档距、大落差等特殊区域时，作业人员应根据无人机的性能及气象情况判断是否开展作业。

2.2.4 人员情况

（1）作业人员需熟悉配电网无人机作业系统，取得《无人驾驶航空器飞行管理暂行条例》（国务院、中央军事委员会令第 761 号）规定的相应驾驶员资质证。

（2）作业人员包括工作负责人（一名）和工作班成员，工作班成员至少包括一名无人机驾驶员（飞手），必要时应增设无人机观测员岗。

2.3 开具工作任务单及设备领用

2.3.1 开具工作任务单

作业前，根据作业任务开具相应工作任务单，如表 2-1 所示。（本作业机型以御 3 为例）

表2-1 开具相应工作票（任务单）

单位：×× 供电所	编号：2023-09-13-XW-01
1. 工作负责人：××× 工作许可人：×××	
2. 工作班： 工作班成员（不包括工作负责人）：×××	
3. 作业性质： 通道巡检（ ） 精细化巡检（ ） 工程验收（√） 自主巡检（ ） 故障巡检（ ） 特殊巡检（ ） 应急照明（ ）	
4. 无人机巡检系统型号及组成：御 3	
5. 使用空域范围：10kV 笔峰 ×× 线	
6. 工作任务：10kV 笔峰 XX 线 5 号 ~10 号杆工程验收。	
7. 安全措施（必要时可附页绘图说明） 7.1 飞行巡检安全措施 ①确认气象条件是否满足无人机起降条件； ②检查起降点周围环境，确认满足起飞条件。 7.2 安全策略：设置电量低于 30% 自动返航。 7.3 其他安全措施和注意事项 ①如遇雷、雨、大风天气应停止作业，无人机立即返航就近降落； ②工作人员操作无人机前 8 小时内不得饮酒； ③起飞和降落时，现场所有人员应与无人机保持足够的安全距离（5m）。 7.4 上述 1~6 项由工作负责人____根据工作任务布置人____的布置填写。	

<table>
<tr><td>8. 许可方式及时间
许可方式：当面通知
许可时间：____年____月____日____时____分至____年____月____日____时____分</td></tr>
<tr><td>9. 作业情况
作业自____年____月____日____时____分开始，于____年____月____日____时____分，无人机撤收完毕，现场清理完毕，作业结束。
工作负责人于____年____月____日____时____分 向工作许可人 用当面报告方式汇报。
无人机巡检系统状况：良好</td></tr>
<tr><td>工作负责人（签名）：×××　　　　　工作许可人：×××</td></tr>
<tr><td>填写时间：____年____月____日____时____分</td></tr>
</table>

2.3.2 设备领用

作业前，飞手需到所在单位仓库填写设备领用单，写明无人机及相关配件型号及数量（如御 3 无人机一架、电池若干、桨叶若干、存储卡一张），作业完成后及时归还，如图 2-1 所示。

图2-1　填写设备领用单

2.3.3 设备检查

（1）检查无人机本体及电池、桨叶、存储卡等配件状况，判断其是否满足作业条件，提前开机自检，如图 2-2 所示。

（2）准备并打印需无人机工程验收的竣工验收资料，如图 2-3 所示。

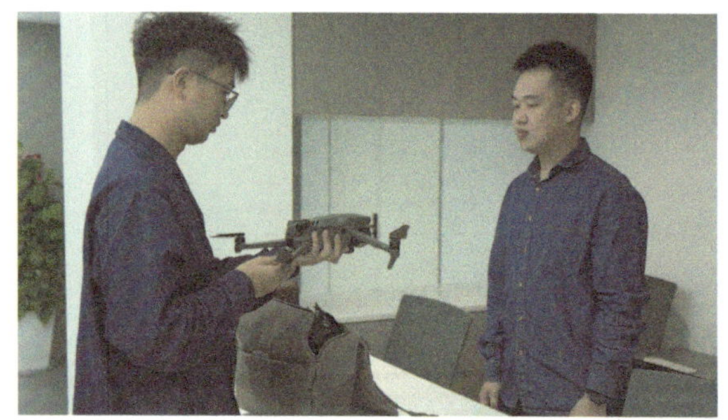

图2-2　检查无人机

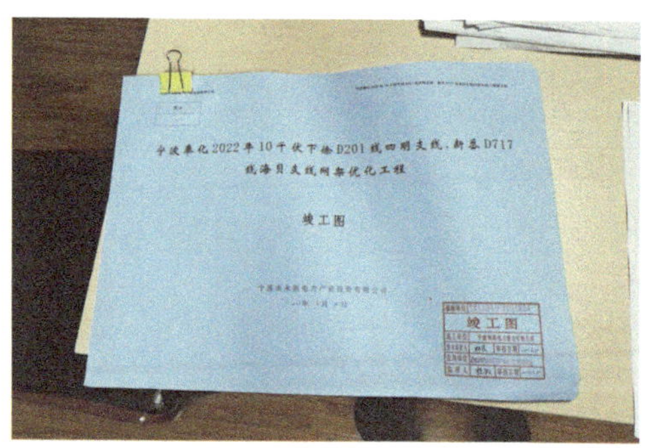

图2-3　工程竣工资料

2.4 现场作业前准备

2.4.1 现场环境确认

（1）检查是否有临时变更的禁飞区域，飞行是否影响周边相关部门，如图 2-4 所示。

（2）天气观测：天气应为非雨、雪、雾、大风天气，现场风速应不大于 5 级，如图 2-5 所示。

图2-4　现场环境确认

图2-5　测量风速

（3）环境观察：作业线路周围是否有可能影响信号传输的建筑、高山等遮挡物。

（4）现场作业范围内应有适合无人机起飞和降落的地点，如图 2-6 所示。

图2-6　起飞和降落地点

2.4.2 站班会

作业开始前应进行站班会，开展“三交三查”工作。“三交”是交任务、交安全、交措施；“三查”是查工作着装、查精神状态、查个人安全用具。检查完毕后履行许可手续，如图 2-7 所示。

图2-7　站班会

2.4.3 无人机组装及检查

（1）飞手按步骤安装无人机，展开无人机机臂，安装桨叶；展开桨叶；展开遥控器天线，安装连接监视设备，检查确认电池及遥控器电池电量，安装无人机电池。如图 2-8 所示。

图2-8　组装无人机

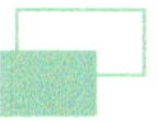

（2）无人机放置在起降点上，通过“短按 + 长按”的方法，开启遥控器电源；以相同方式开启无人机电源；进入移动端 App（DJI Fly）操作界面，检查确认飞行状态栏中无异常，检查摇杆模式，检查返航高度，检查确认飞行模式为 P 模式，飞行前确保无人机下视避障关闭，检查无人机前置摄像头功能是否正常，检查确认无人机完成返航点刷新状态。如图 2-9 所示。

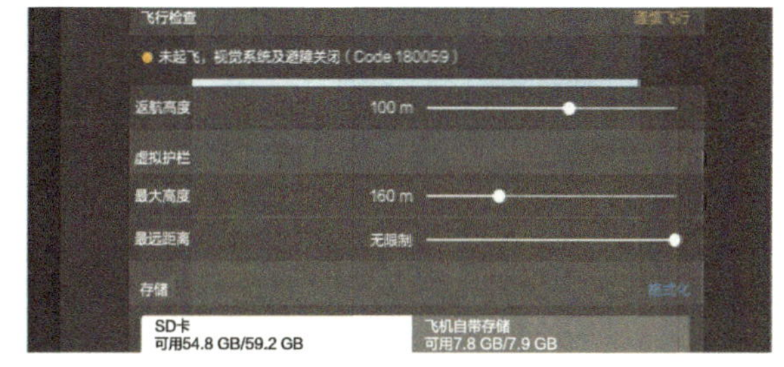

图2-9　飞行检查

2.5 飞行作业

验收范围主要包括配电网架空线路杆塔导线、柱上开关设备、配电变压器及台架、自动化设备、线路通道以及其他附属设施等。具体内容见表 2-2、表 2-3、表 2-4 和表 2-5。

表2-2　10kV单、双回路直线杆塔无人机工程验收拍摄规则

无人机悬停区域	拍摄部位编号	拍摄部位	无人机拍摄位置	拍摄角度	拍摄质量要求
A	1	杆塔全貌	从杆塔上方斜远处，并高于杆塔，杆塔完全在影像画面里	俯视	杆塔全貌完整，能够清晰分辨塔材和杆塔角度，主体上下占比不低于全幅 80%

无人机悬停区域	拍摄部位编号	拍摄部位	无人机拍摄位置	拍摄角度	拍摄质量要求
B	2	小号侧	线路走廊正面面向小号侧俯视拍摄	俯视	能够清晰地看到绝缘子本体和匝线扎绑处
C	3	杆塔顶	杆塔正上方拍摄塔顶	俯视	能够完整看到杆塔塔头
D	4	大号侧	线路走廊面向大号侧俯视拍摄	俯视	能够清晰地看到绝缘子本体和匝线扎绑处
E	/	螺栓、线夹、电缆终端、铭牌等	B-D 拍摄图片覆盖部位以外的需额外拍摄若干	根据设备所处位置调整云台角度拍摄	能够清晰地看到各设备安装情况

单、双回路直线杆塔无人机工程验收拍摄规则示意如图2-10所示。

图2-10　单、双回路直线杆塔无人机工程验收拍摄规则示意

表2-3　10kV单回分支杆无人机工程验收拍摄规则

无人机悬停区域	拍摄部位编号	拍摄部位	无人机拍摄位置	拍摄角度	拍摄质量要求
A	1	杆塔全貌	从杆塔上方斜远处，并高于杆塔，杆塔完全在影像画面里	俯视	杆塔全貌完整，能够清晰分辨塔材和杆塔角度，主体上下占比不低于全幅80%
B	2	小号侧	线路走廊正面面向小号侧俯视拍摄	俯视	能够清晰地看到绝缘子本体和匝线扎绑处
C	3	杆塔顶	杆塔正上方拍摄塔顶	俯视	能够完整地看到杆塔塔头
D	4	大号侧	线路走廊面向大号侧俯视拍摄	俯视	能够清晰地看到绝缘子本体和匝线扎绑处
E	5	通道左侧	从线路通道左侧面向杆塔拍摄	平 / 俯视	能够清晰地看到线夹、金具、引线搭接处
F	6	通道右侧	从线路通道左侧面向杆塔拍摄	平 / 俯视	能够清晰地看到线夹、金具、引线搭接处
G	/	螺栓、线夹、电缆终端、铭牌等	B-F 拍摄图片覆盖部位以外的需额外拍摄若干	根据设备所处位置调整云台角度拍摄	能够清晰地看到各设备安装情况

单回分支杆无人机工程验收拍摄规则示意如图 2-11 所示。

图2-11 单回分支杆无人机工程验收拍摄规则示意

表2-4 10kV柱上开关设备无人机工程验收拍摄规则

无人机悬停区域	拍摄部位编号	拍摄部位	无人机拍摄位置	拍摄角度	拍摄质量要求
A	1	塔全貌	从杆塔上方斜远处，并高于杆塔，杆塔完全在影像画面里	俯视	塔全貌完整，能够清晰分辨塔材和杆塔角度，主体上下占比不低于全幅 80%

续表

无人机悬停区域	拍摄部位编号	拍摄部位	无人机拍摄位置	拍摄角度	拍摄质量要求
B	2	小号侧	线路走廊正面面向小号侧俯视拍摄	俯视	能够清晰地看到柱上开关本体、电气连接处
C	3	塔顶	杆塔正上方拍摄塔顶	俯视	能够完整地看到杆塔塔头、上引线电气连接处
D	4	大号侧	线路走廊面向大号侧俯视拍摄	俯视	能够清晰地看到柱上开关本体、电气连接处
E	5	柱上开关前侧水平	从柱上开关前侧，并水平于柱上开关，柱上开关、上下引线电气连接处在影像画面里	平视	能够清晰地看到柱上开关前侧全貌、电气连接处
F	6	柱上开关后侧水平	从柱上开关后侧，并水平于柱上开关，柱上开关、上下引线电气连接处在影像画面里	平视	能够清晰地看到柱上开关后侧全貌、电气连接处
G	/	螺栓、线夹、电缆终端、铭牌等	B-F 拍摄图片覆盖部位以外的需额外拍摄若干	根据设备所处位置调整云台角度拍摄	能够清晰地看到各设备安装情况

柱上开关设备无人机工程验收拍摄规则示意如图 2-12 所示。

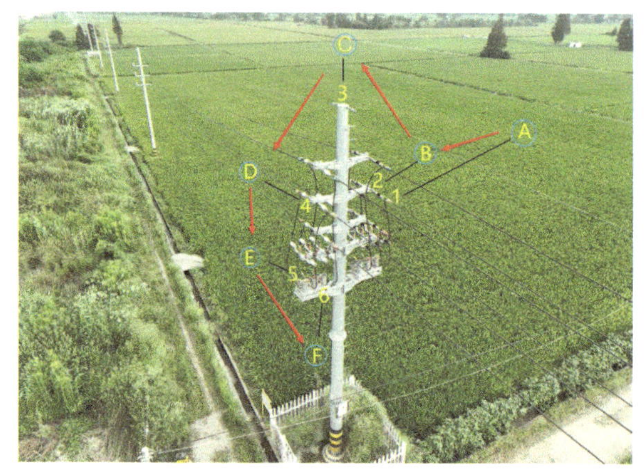

图2-12　柱上开关设备无人机工程验收拍摄规则示意

表2-5　10kV配电变压器台架无人机工程验收拍摄规则

无人机悬停区域	拍摄部位编号	拍摄部位	无人机拍摄位置	拍摄角度	拍摄质量要求
A	1	台架全貌	从台架上方斜远处，并高于台架，台架全貌在影像画面里	俯视	台架全貌完整，能够清晰地分辨塔材和变压器，主体上下占比不低于全幅 80%
B	2	变压器顶部	从台架上方斜近处前侧，并高于台架，变焦放大拍摄	俯视	能够清晰地看到变压器高低压桩头、电气连接处

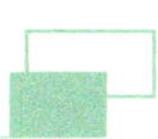

续表

无人机悬停区域	拍摄部位编号	拍摄部位	无人机拍摄位置	拍摄角度	拍摄质量要求
C	3	台架水平前侧	从台架水平前侧，台架全貌在影像画面里	平视	能够清晰地看到台架前侧全貌
D	4	变压器水平前侧	从台架前侧，并水平于变压器，变压器在影像画面里	平视	能够清晰地看到变压器前侧全貌、变压器铭牌
E	5	跌落式熔断器前侧	从台架前侧，并水平于跌落式熔断器，跌落式熔断器、上下引线电气连接处在影像画面里	平视	能够清晰地看到变压器前部全貌、电气连接处
F	6	台架水平后侧	从台架水平后侧，台架全貌在影像画面里	平视	能够清晰地看到台架后侧全貌
G	7	变压器水平后侧	从台架后侧，并水平于变压器，变压器在影像画面里	平视	能够清晰地看到变压器后侧全貌
H	8	跌落式熔断器后侧	从台架后侧，并水平于跌落式熔断器，跌落式熔断器、上下引线电气连接处在影像画面里	平视	能够清晰地看到跌落式熔断器后侧
I	/	螺栓、线夹、电缆终端、铭牌等	B-H 拍摄图片覆盖部位以外的需额外拍摄若干	根据设备所处位置调整云台角度拍摄	能够清晰地看到各设备安装情况

配电变压器台架无人机工程验收拍摄规则示意如图 2-13 所示。

图2-13 配电变压器台架无人机工程验收拍摄规则示意

2.6 飞行结束

根据现场作业环境条件和降落点位置，选择返航 / 降落方式：手动返航 / 降落、自动返航。

2.6.1 手动返航

作业完成后，操作无人机至安全高度，查看无人机遥控器画面左下角小地图中无人机起降点位置，控制无人机机头朝向起降点飞回，在可视范围内操控无人机至起降点位置上方后降落。

2.6.2 自动返航

作业完成后，点击“自动返航”按键或选择“自动返航”选项并滑动，无人机将自动上升至安全高度，沿既定返航高度直线飞行至起降点位置上方，然后自动降落。自动返航应注意，自动返航设置应根据巡视现场环境条件，在移动端 App（DJI Fly）设置好返航高度，返航高度高于周边建筑物、构筑物等。自动返航界面如图 2-14 所示。

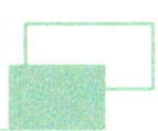

2.6.3 降落无人机

无人机降落至起降点位置上方，当距离地面 0.5m 时，将油门摇杆向下打到底，无人机缓慢下降至起降点，最后松开油门摇杆。无人机降落界面如图 2-15 所示。

图2-14　自动返航界面

图2-15　无人机降落界面

2.7 作业完成

2.7.1 设备收回

按照设备出库清单，将无人机、配件设备一并收回。设备收回如图 2-16 所示。

2.7.2 终结无人机作业任务单

根据此架次自主巡检作业实际情况，终结无人机作业任务单，如图 2-17 所示。

图2-16　设备收回

图2-17　终结无人机作业任务单

2.8 资料归档

2.8.1 导出照片

作业全部结束后，飞手将数据存储卡通过读卡器连接至电脑，将验收照片导出。图片导出如图 2-18 所示。

图2-18　图片导出

2.8.2 照片命名归档

巡检照片导出后，按规范格式重命名并归档。命名需体现设备双重名称、杆塔拍摄位置信息，如为双回路 / 多回路

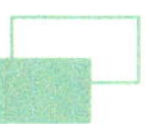

同杆架设线路，需在照片命名中标注，以便后续检索。

参考命名格式如下（各公司可根据内部配电网线路命名规范调整）。

（1）单回路正线：[××$××× 线]+[××$×××× 线]（二级正线，如有）+[××# 杆]+[小号侧 / 杆顶 / 大号侧]。

例 1：笔峰 D112 线 1# 杆小号侧

例 2：笔峰 D112 线联通 DG112 线 1# 杆大号侧

（2）双回路正线：[××$××× 线]（第一条线路）+[××$××× 线]（第二条线路）+[××$×××× 线]（第一条线路二级正线，如有）、[××$×××× 线]（第二条线路二级正线，如有）+[××# 杆]+[小号侧 / 杆顶 / 大号侧]。

例 1：笔峰 D112 线、西仲 D111 线 1# 杆小号侧

例 2：笔峰 D112 线、西仲 D111 线、联通 DG112 线移动 DG111 线 1# 杆大号侧

（3）分支线路：[××$××× 线]+[×××× 分线]+[××# 杆]+[小号侧 / 杆顶 / 大号侧]。

例 1：笔峰 D112 线移动支线 5# 杆大号侧

图片命名归档如图 2-19 所示。

2.8.3 制作验收报告

逐一查看归档好的照片，将存在缺陷的照片另存至“缺陷照片”文件夹内，并在缺陷图片中以统一的符号标注缺陷部位，同时将缺陷照片重命名，参考命名格式：[原图片命名]+[缺陷部位]+[缺陷描述]。

例 1：笔峰 D112 线 1# 杆小号侧上相绝缘子破裂

例 2：笔峰 D112 线 1# 杆大号侧中相耐张线夹缺开口销

根据验收发现的缺陷，填写验收报告。验收报告如图 2-20 所示。

图2-19　图片命名归档

竣工验收　缺陷一览表

工程名称：笔峰D112线负荷分流工程

序号	内　容	责任单位	限期整改日期
1	笔峰D112线1#杆小号侧上相绝缘子破裂	施工单位	9月31日
2	笔峰D112线1#杆大号侧中相耐张线夹缺开口销	施工单位	9月31日
验收组确认签名： 年　月　日			
整改情况： 复检组签名： 年　月　日			

图2-20　验收报告

第 3 章　配电网无人机架空线路通道巡检

3.1 作业概况

3.1.1 无人机通道巡检概述

配电网无人机架空线路通道巡检，是针对配电网架空线路通过使用无人机挂载可见光镜头对配电线路通道开展巡检工作，排查通道内的异物、外破、树障、火灾等隐患。

3.1.2 无人机通道巡视周期

根据《国网浙江省电力有限公司配电网无人机规模化应用工作方案》中的无人机通道巡视要求，对架空配电线路坚持开展一年两次无人机通道巡视，拍摄的照片作为巡视档案资料进行归档。

3.2 作业条件

3.2.1 空域环境

（1）开展架空配电线路无人机作业应遵守《无人驾驶航空器飞行管理暂行条例》（国务院、中央军事委员会令第 761 号）及其他相关国家法律法规与地方政策，规范化使用空域。

（2）未经空中交通管制批准，无人机不得在空中危险区、空中禁区、空中限制区飞行。

（3）执行作业任务前，有关部门应按照有关流程办理空域申请手续。

3.2.2 气象条件

在以下气象条件下，不宜开展配电网无人机巡检作业。

（1）能见度小于 300m 的天气情况。

（2）5 级以上大风或阵风。

（3）雾、雪、大雨、冰雹等恶劣天气。如突遇以上天气变化，已开展的作业应及时终止。

3.2.3 作业现场环境

（1）作业前，应提前勘察、判断作业环境是否满足无人机起降要求。

（2）作业人员应熟悉掌握飞行作业线路情况。

（3）作业现场应远离爆破、射击、烟雾、火焰、机场、铁路、人群密集、高大建筑、军事管辖、无线电干扰等可能影响无人机飞行的区域。无人机不宜在变电站（所）、电厂上空穿越。

（4）无人机的起降点应与配电线路和其他设备及附属设施保持足够的安全距离，具备起降条件。

（5）作业前，无人机应预先勘察好紧急情况下的安全降落地点。

（6）无人机起飞和降落时，作业人员应与其始终保持足够的安全距离，不应站在无人机航线的正下方。

（7）作业人员划定作业区域，确保其不受外部环境干扰，必要时，可在现场设置安全围栏。

（8）作业现场不应使用可能对无人机通信链路造成干扰的电子设备。

（9）应在作业环境内有信号塔、居民城区信号干扰较多的地区减少超视距飞行。

（10）作业区域处于狭长地带或大档距、大落差等特殊区域时，作业人员应根据无人机的性能及气象情况判断是否开展作业。

3.2.4 人员情况

（1）作业人员需熟悉配电网无人机作业系统，取得《无人驾驶航空器飞行管理暂行条例》（国务院、中央军事委员会令第 761 号）规定的相应驾驶员资质证。

（2）作业人员包括工作负责人（一名）和工作班成员，工作班成员至少包括一名无人机驾驶员（飞手），必要时应增设无人机观测员岗。

3.3 巡检计划编制及设备领用

3.3.1 巡检计划编制及发布

作业前，作业人员需通过供电服务指挥系统提前派发巡检计划至移动端 App（浙江配电），如图 3-1 巡检计划编制所示，并根据作业任务开具相应工作任务单，如表 3-1 所示。（本作业机型以御 2 行业进阶版为例）

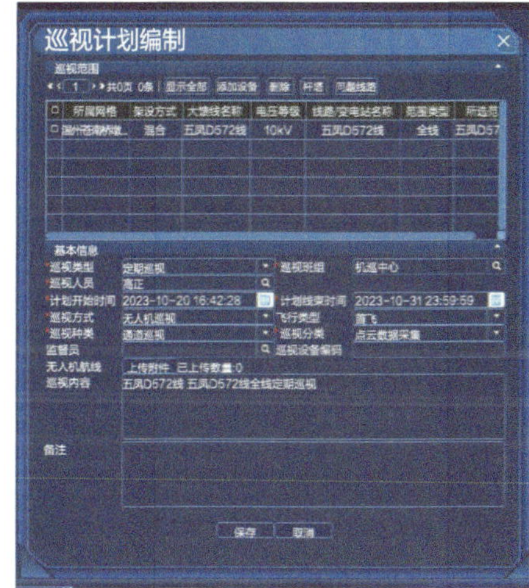

图3-1　巡检计划编制

表3-1　配电网无人机巡检工作任务单

<table>
<tr><td>单位：　×××××</td><td>编号：2023-09-13-GZ-01</td></tr>
<tr><td colspan="2">1. 工作负责人：×××　　工作许可人：×××</td></tr>
<tr><td colspan="2">2. 工作班：配电运检班　工作班成员：×××</td></tr>
<tr><td colspan="2">3. 作业性质：
自主巡检（　）精细化巡检（　）工程验收（　）通道巡检（√）故障巡检（　）特殊巡检（　）
红外测温（　）点云数据采集（　）</td></tr>
<tr><td colspan="2">4. 无人机型号及组成：御 2 进阶版、经纬 M300RTK 等</td></tr>
<tr><td colspan="2">5. 使用空域范围：（10kV 水尾 ×× 线、10kV 城中 ×× 线、10kV 望鹤 ×× 线、10kV 双台 ×× 线）</td></tr>
<tr><td colspan="2">6. 工作任务：（10kV 水尾 ×× 线、10kV 城中 ×× 线、10kV 望鹤 ×× 线、10kV 双台 ×× 线）</td></tr>
<tr><td colspan="2">7. 安全措施（必要时可附页绘图说明）
7.1 飞行巡检安全措施
①巡检作业时，时刻注意无人机各项数据是否正常；
②巡检作业时，无人机距带电设备距离不小于 3m，距周边障碍物距离不小于 5m；
③无人机巡检飞行速度不宜大于 10m/s；
④确认气象条件是否满足无人机作业要求；
⑤检查起降点净空范围内有无障碍物，满足安全起降要求。
7.2 安全策略
①当无人机巡检系统在飞行过程中出现偏离航线的情况时，飞手应采用一键返航；
②当无人机意外坠落时，飞手应第一时间切断动力电源；
③应提前设置低电压报警功能。</td></tr>
</table>

续表

7.3 其他安全措施和注意事项： ①在巡检过程中，飞手始终注意观察无人机电机转速、电池电压、航向、飞行姿态等遥测参数，出现异常应立即报告工作负责人； ②如遇雷、雨、大风天气应停止作业，无人机立即返航就近降落； ③操作人员工作前 8 小时不得饮酒。
8. 许可方式及时间 许可方式：当面通知 许可时间：____年____月____日____时____分至____年____月____日____时____分
9. 作业情况 作业自____年____月____日____时____分开始，于____年____月____日____时____分，无人机撤收完毕，现场清理完毕，作业结束。 工作负责人于____年____月____日____时____分 向工作许可人 用当面报告方式汇报。 无人机巡检系统状况：良好
工作负责人：××× 　　工作许可人：×××
填写时间：____年____月____日

3.3.2 设备领用

作业前，飞手需到所在单位仓库填写设备领用单，写明无人机及相关配件型号及数量（大疆御 2 进阶版无人机 1 架、电池若干、桨叶若干），作业完成后及时归还，如图 3-2 和图 3-3 所示。

无人机出入库登记表

无人机型号	出库记录				入库记录			
	时间	无人机数量	电池数量	领用人签字	时间	无人机数量	电池数量	送回人签字
精灵4RTK	2023/9/18	1	3	章为培	2023/9/19	1	3	章为培

图3-2　无人机出入库登记表

图3-3　填写无人机出入库登记表

3.3.3 设备检查

（1）检查无人机本体及电池、桨叶、存储卡等配件状况，判断其是否满足作业条件，提前开机自检。如图 3-4、图 3-5、图 3-6 和图 3-7 所示。

图3-4　设备检查

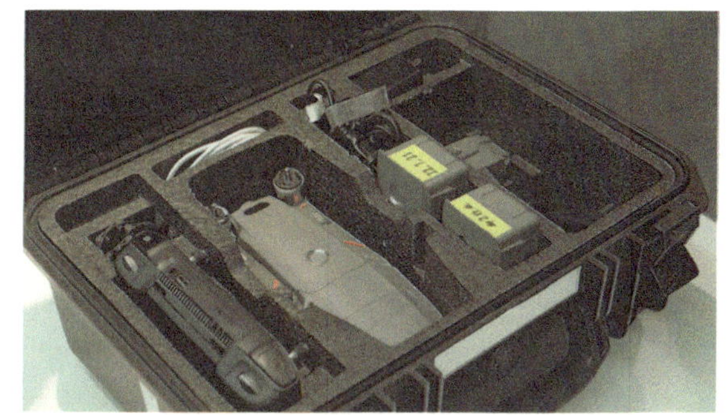

图3-5　检查无人机本体

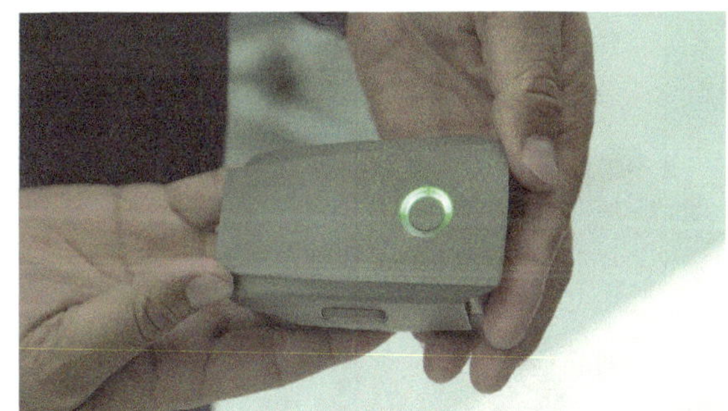

图3-6　检查电池

图3-7　检查遥控器

（2）准备并打印需要巡检作业的架空线路单线图，如图 3-8 所示。

3.4 现场作业前准备

3.4.1 现场环境确认

（1）检查是否有临时变更的禁飞区域，飞行是否影响周边相关部门，如图 3-9 所示。

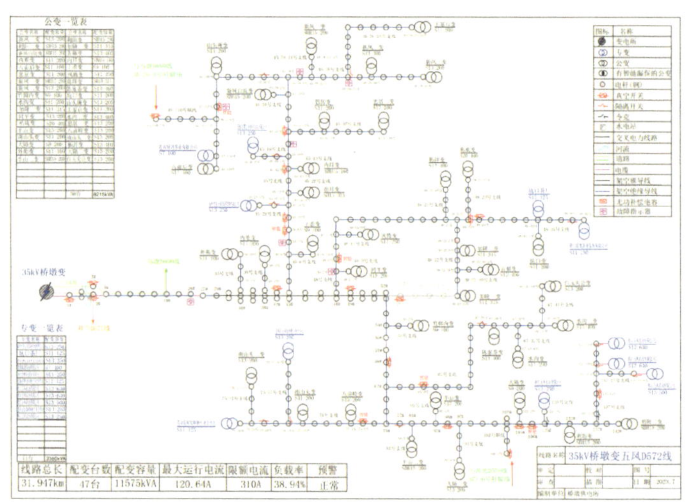

图3-8　架空线路单线

图3-9　现场环境确认

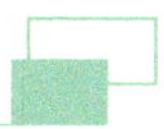

（2）天气观测：天气应为非雨、雪、雾、大风天气，现场风速应小于 5 级，如图 3-10 和图 3-11 所示。

图3-10　天气观测

图3-11　检测风速

（3）环境观察：作业线路周围是否有可能影响信号传输的建筑、高山等遮挡物，如图 3-12 所示。

图3-12　环境观察

（4）确认现场作业范围内有适合无人机的起飞和降落地点，如图 3-13 所示。

图3-13　确定起降点

3.4.2 站班会

作业开始前,应进行站班会,开展“三交三查”工作。“三交”是交任务、交安全、交措施；“三查”是查工作着装、查精神状态、查个人安全用具。检查完毕后履行许可手续。如图 3-14 所示。

图3-14　站班会

3.4.3 无人机组装及检查

（1）飞手按步骤安装无人机：展开无人机机臂，安装桨叶；展开遥控器天线；检查确认电池及遥控器电池电量，安装无人机电池。如图 3-15、图 3-16 和图 3-17 所示。

图3-15　展开机臂

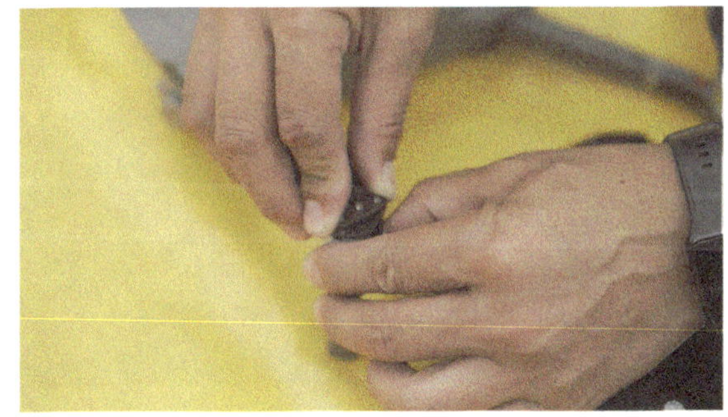

图3-16　安装桨叶

图3-17　安装电池

（2）无人机放置在起降点上，通过“短按 + 长按”的方法，开启遥控器电源；以相同方式开启无人机电源；打开显示器（不带屏遥控器）电源。进入移动端 App（浙江配电）操作界面，检查确认飞行状态栏中无异常报错，检查摇杆模式，检查返航高度，检查确认飞行模式为 P 模式，测试拍摄功能是否正常，确认照片储存位置，检查确认无人机完成返航点刷新状态。如图 3-18、图 3-19 和图 3-20 所示。

图3-18　登录移动端App（浙江配电）

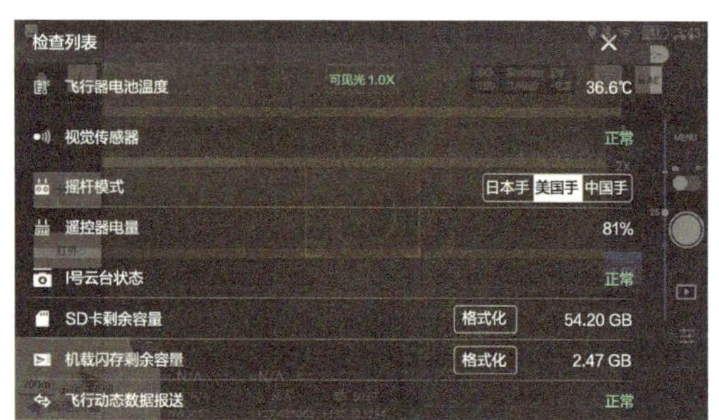

图3-19　检查各项状态

图3-20　无人机安全起飞准备完毕确认

3.5 飞行作业

3.5.1 任务加载

打开移动终端 App（浙江配电），选择供电服务指挥系统下发的相应任务，点击“任务执行”，如图 3-21 所示。

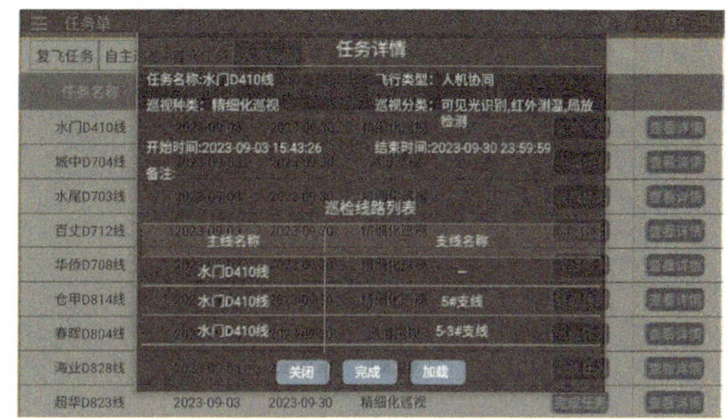

图3-21　任务加载

3.5.2 无人机解锁起飞

解锁启动无人机，使其起飞至飞手正前方（距离 2~3 米）。如图 3-22 和图 3-23 所示。

图3-22　解锁启动无人机

图3-23　起飞至飞手正前方

3.5.3 飞向巡检目标

操作无人机上升至安全高度，确定杆塔位置后飞向杆塔。如图 3-24 所示。

图3-24　无人机上升至安全高度

3.5.4 巡检作业

（1）操作无人机飞至拍摄点，使无人机保持足够安全距离，调整云台俯仰角及变焦倍数，使目标设备居中显示，保证覆盖配电网通道（线路两侧外扩 5m），如图 3-25 所示。

（2）无人机应按照主线、支线顺序沿着线路的方向巡检（巡检过程中遇有分支线路，建议先巡分支线路再回分支点继续主线路巡检），无人机镜头应面向杆塔、线路、通道方向，建议镜头俯视，角度 15°~30°，从第一基杆塔开始至最后一基杆塔，从前往后拍摄每基杆塔。巡检拍摄时应在杆塔侧上方位置悬停，通过调整无人机镜头位置及角度，确保拍摄角度无遮挡，使云台在稳定状态下拍摄。拍摄应确保覆盖两杆塔之间通道情况（建议照片包含一基杆杆顶和下一基杆全貌），然后交替拍摄下一基杆塔。如图 3-26、图 3-27 和图 3-28 所示。

图3-25　配电网通道覆盖

图3-26　通道巡检照片（a）

图3-27　通道巡检照片（b）

图3-28　通道巡检照片（c）

3.6 飞行结束

根据现场作业环境条件，在降落点位置有两种返航方式可选择：一是手动返航，二是自动返航。

3.6.1 手动返航

巡视完成后操控无人机上升至安全高度，查看无人机遥控器画面左下角小地图中无人机起降点位置，操控无人机至起降点位置，当距离地面 0.5m 时，将油门摇杆向下打到底，无人机缓慢下降至起降点，最后松开油门摇杆，如图 3-29、图 3-30、图 3-31 和图 3-32 所示。

图3-29　查看无人机起降点位置

图3-30　操控无人机朝向至起降点

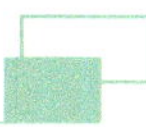

图3-31　将油门摇杆向下打到底

图3-32　无人机下降至起降点

3.6.2 自动返航

巡视完成后，点击“自动返航”按键或选择“自动返航”选项并滑动，无人机将自动上升至安全高度，沿既定返航高度直线飞行至起降点位置上方后自动降落。自动返航时，注意根据现场环境条件，在移动端 App 设置好返航高度，返航高度高于周边建筑物、构筑物等。如图 3-33 和图 3-34 所示。

图3-33　一键返航

图3-34　自动返航界面

3.7 作业完成

3.7.1 任务提交

无人机降落后，在任务列表中选择刚才执行的巡检作业架次，点选“上传记录”按钮，完成提交任务，如图 3-35 所示。如果此线路巡检任务未完整执行，先不提交任务。

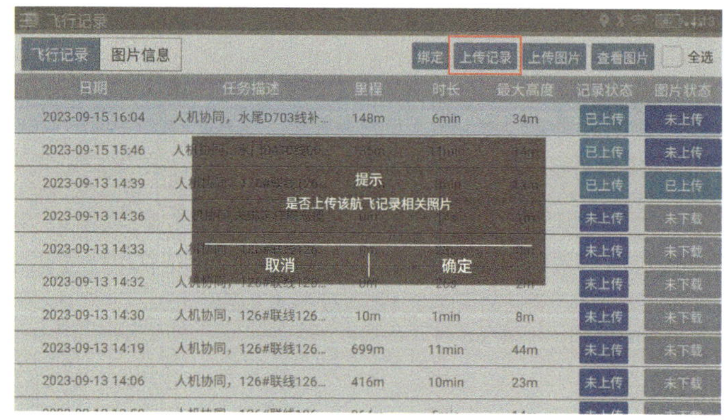

图3-35　上传记录

3.7.2 上传巡检照片

巡检记录上传，提交任务后，在任务列表中选择刚才执行的巡检作业架次，点选“查看图片”按钮；待图片加载完成后返回飞行记录界面，点选“上传图片”按钮（上传图片、下载图片如报错：上传失败、下载失败，重启无人机、遥控器即可）。如图 3-36、图 3-37 和图 3-38 所示。

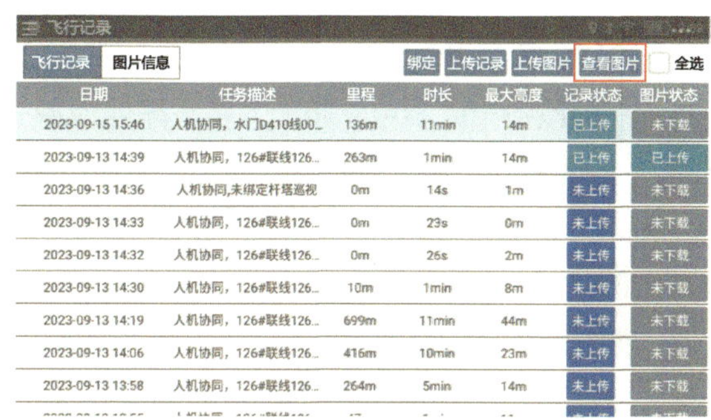

图3-36　查看图片

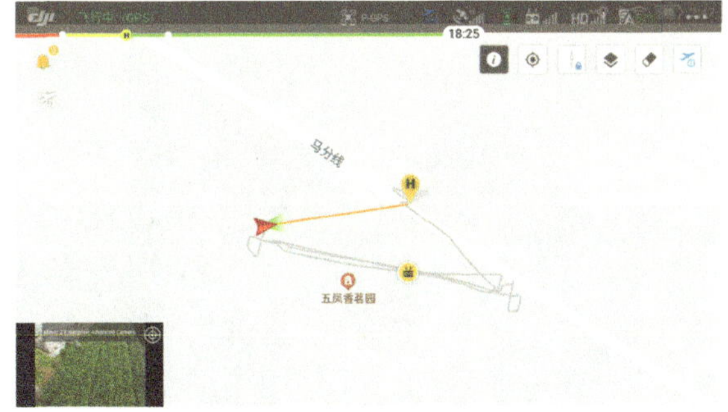

图3-37　飞行记录

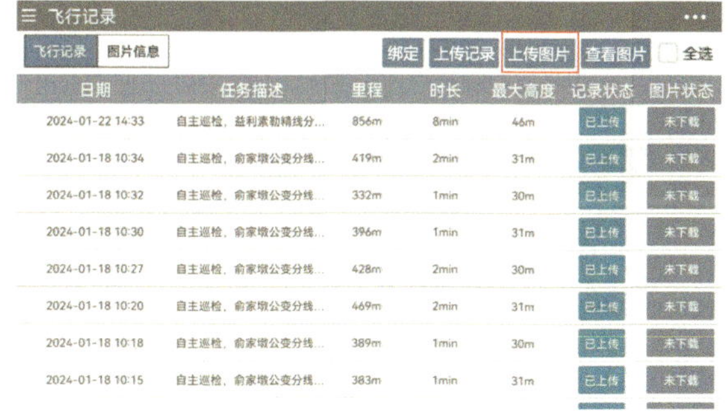

图3-38　上传图片

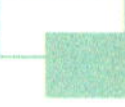

3.7.3 设备收回

按照设备出库清单，将无人机、配件设备一并收回，如图 3-39 和图 3-40 所示。

图3-39　无人机收回

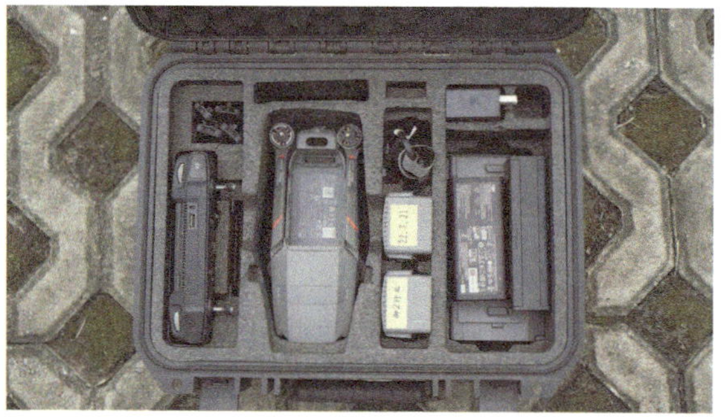

图3-40　无人机整理完成

3.7.4 终结无人机作业任务单

根据此架次自主巡检作业实际情况，终结无人机作业任务，如图 3-41 所示。

图3-41　任务单终结

3.8 资料归档

3.8.1 导出照片

作业结束后，无人机飞手将数据存储卡通过 App 上传至互联网大区系统或使用读卡器连接至外网电脑，将巡检照片导出，如图 3-42 和图 3-43 所示。

图3-42　读卡器连接电脑

图3-43　导出图片

3.8.2 照片命名归档

巡检照片上传后，按规范格式重命名并归档。命名需体现设备双重名称、杆塔拍摄位置信息，如为双回路 / 多回路同杆架设线路，需在照片命名中标注，以便后续检索。

参考命名格式如下（各公司可根据属地配电网线路命名规范调整）。

（1）单回路正线：[××$××× 线]+[××$×××× 线]（二级正线，如有）+[××# 杆]+[小号侧 / 杆顶 / 大号侧]。

例 1：华阳 D579 线 1# 杆小号侧

例 2：农校 H806 线卫玉 H0863 线 1# 杆大号侧

（2）双回路正线：[××$××× 线]（第一条线路）+[××$××× 线]（第二条线路）+[××$×××× 线]（第一条线路二级正线，如有）、[××$×××× 线]（第二条线路二级正线，如有）+[××# 杆]+[小号侧 / 杆顶 / 大号侧]。

例 1：三白 G371 线、隔河 G381 线 1# 杆小号侧

例 2：吴山 H795 线网琪 H785 线、桥家 H7954 线通网 H7854 线 1# 杆大号侧

（3）分支线路：[××$××× 线]+[×××× 分线]+[××# 杆]+[小号侧 / 杆顶 / 大号侧]。

例 1：桥鱼 H689 线萝荡里分线 5# 杆大号侧

图片命名归档如图 3-44 所示。

五凤D572线45#支线101#-100#杆 通道侧

五凤D572线45#支线101#杆 大号侧

五凤D572线45#支线101#杆 杆顶侧

五凤D572线45#支线101#杆 小号侧

图3-44　图片命名归档

第 4 章　配电网无人机红外测温

4.1 作业概况

4.1.1 配电网无人机红外测温作业概述

配电网无人机红外测温作业是指使用无人机及其挂载的红外测温镜头对架空配电线路设备（如线路绝缘子、线夹、导线等）进行红外带电检测，发现架空配电线路设备异常发热等缺陷的作业方法。

4.1.2 配电网无人机红外测温作业周期

根据《国网浙江省电力有限公司配电网无人机规模化应用工作方案》中的配电网无人机红外测温作业要求，架空配电线路设备坚持开展一年两次配电网无人机红外测温作业，拍摄的红外图片作为巡视档案资料进行归档。

4.2 作业条件

4.2.1 空域环境

（1）开展架空配电线路无人机作业应遵守《无人驾驶航空器飞行管理暂行条例》（国务院、中央军事委员会令第 761 号）及其他相关国家法律法规与地方政策，规范化使用空域。

（2）未经空中交通管制批准，无人机不得在空中危险区、空中禁区、空中限制区飞行。

（3）执行作业任务前，有关部门应按照有关流程办理空域申请手续。

4.2.2 气象条件

在以下气象条件下，不宜开展配电网无人机巡检作业。

（1）能见度小于 300m 的天气情况。

（2）5 级以上大风或阵风。

（3）雾、雪、大雨、冰雹等恶劣天气。如突遇以上天气变化，已开展的作业应及时终止。

4.2.3 作业现场环境

（1）作业前，应提前勘察、判断作业环境是否满足无人机起降要求。

（2）作业人员应熟悉掌握飞行作业线路情况。

（3）作业现场应远离爆破、射击、烟雾、火焰、机场、铁路、人群密集、高大建筑、军事管辖、无线电干扰等可能影响无人机飞行的区域。无人机不宜在变电站（所）、电厂上空穿越。

（4）无人机的起降点应与配电线路和其他设备及附属设施保持足够的安全距离，具备起降条件。

（5）作业前，无人机应预先勘察好紧急情况下的安全降落地点。

（6）无人机起飞和降落时，作业人员应与其始终保持足够的安全距离，不应站在无人机航线的正下方。

（7）作业人员划定作业区域，确保其不受外部环境干扰，必要时，可在现场设置安全围栏。

（8）作业现场不应使用可能对无人机通信链路造成干扰的电子设备。

（9）应在作业环境内有信号塔、居民城区信号干扰较多的地区减少超视距飞行。

（10）作业区域处于狭长地带或大档距、大落差等特殊区域时，作业人员应根据无人机的性能及气象情况判断是否开展作业。

4.2.4 人员情况

（1）作业人员需熟悉配电网无人机作业系统，取得《无人驾驶航空器飞行管理暂行条例》（国务院、中央军事委员令第 761 号）规定的相应驾驶员资质证。

（2）作业人员包括工作负责人（一名）和工作班成员，工作班成员至少包括一名无人机驾驶员（飞手），必要时应增设无人机观测员岗。

4.3 巡检计划编制及设备领用

4.3.1 巡检计划编制及发布

作业前，作业人员需通过供电服务指挥系统提前派发巡检计划至移动端 App（浙江配电），如图 4-1 所示。并根据作业任务开具相应工作任务单，如表 4-1 所示。（本作业机型以御 2 行业进阶版为例）

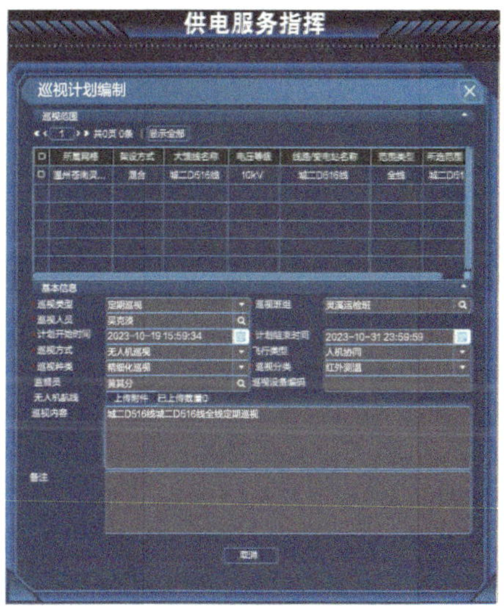

图4-1　巡检计划编制

表4-1　配电网无人机巡检工作任务单

<table>
<tr><td>单位：×××××</td><td>编号：2023-09-13-GZ-01</td></tr>
<tr><td colspan="2">1. 工作负责人：×××　　工作许可人：×××</td></tr>
<tr><td colspan="2">2. 工作班：配电运检班
工作班成员：×××</td></tr>
<tr><td colspan="2">3. 作业性质：
自主巡检（ ） 精细化巡检（ ） 工程验收（ ） 通道巡检（ ） 故障巡检（ ） 特殊巡检（ ）
红外测温（√ ） 点云数据采集（ ）</td></tr>
<tr><td colspan="2">4. 无人机型号及组成：御 2 进阶版、经纬 M300R TK 等</td></tr>
<tr><td colspan="2">5. 使用空域范围：（10kV 水尾 ×× 线、10kV 城中 ×× 线、10kV 望鹤 ×× 线、10kV 双台 ×× 线）</td></tr>
<tr><td colspan="2">6. 工作任务：（10kV 水尾 ×× 线、10kV 城中 ×× 线、10kV 望鹤 ×× 线、10kV 双台 ×× 线）</td></tr>
<tr><td colspan="2">7. 安全措施（必要时可附页绘图说明）
7.1 飞行巡检安全措施
①巡检作业时，时刻注意无人机各项数据是否正常；
②巡检作业时，无人机距带电设备距离不小于 3m，距周边障碍物距离不小于 5m；
③无人机巡检飞行速度不宜大于 10m/s；
④确认气象条件是否满足无人机作业要求；
⑤检查起降点净空范围内有无障碍物，满足安全起降要求。
7.2 安全策略
①当无人机巡检系统在飞行过程中出现偏离航线的情况时，飞手应采用一键返航；
②当无人机意外坠落时，飞手应第一时间切断动力电源；
③应提前设置低电压报警功能。</td></tr>
</table>

<table>
<tr><td>7.3 其他安全措施和注意事项：
①在巡检过程中，飞手始终注意观察无人机电机转速、电池电压、航向、飞行姿态等遥测参数，出现异常时应立即报告工作负责人；
②如遇雷、雨、大风天气应停止作业，无人机立即返航就近降落；
③操作人员工作前 8 小时不得饮酒。</td></tr>
<tr><td>8. 许可方式及时间
许可方式：当面通知
许可时间：____年____月____日____时____分至____年____月____日____时____分</td></tr>
<tr><td>9. 作业情况
作业自____年____月____日____时____分开始，于____年____月____日____时____分，无人机撤收完毕，现场清理完毕，作业结束。
工作负责人于____年____月____日____时____分 向工作许可人 用当面报告方式汇报。
无人机巡检系统状况：良好</td></tr>
<tr><td>工作负责人：×××　　工作许可人：×××</td></tr>
<tr><td>填写时间：____年____月____日</td></tr>
</table>

4.3.2 设备领用

作业前，飞手需到所在单位仓库填写设备领用单，写明无人机及相关配件型号及数量（大疆御 2 进阶版无人机 1 架、电池若干、桨叶若干），作业完成后及时归还，如图 4-2 和图 4-3 所示。

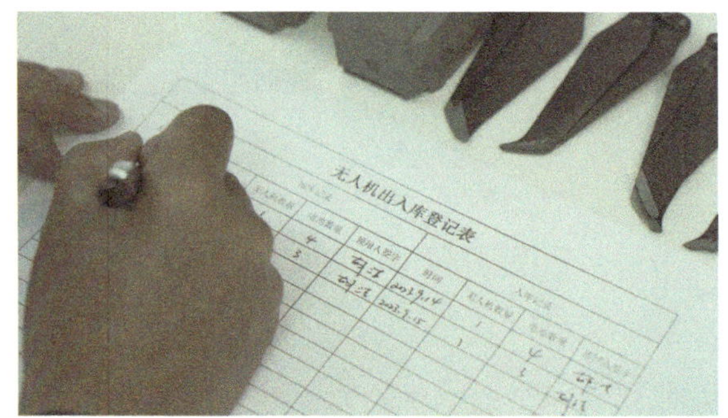

图4-2　无人机出入库登记表

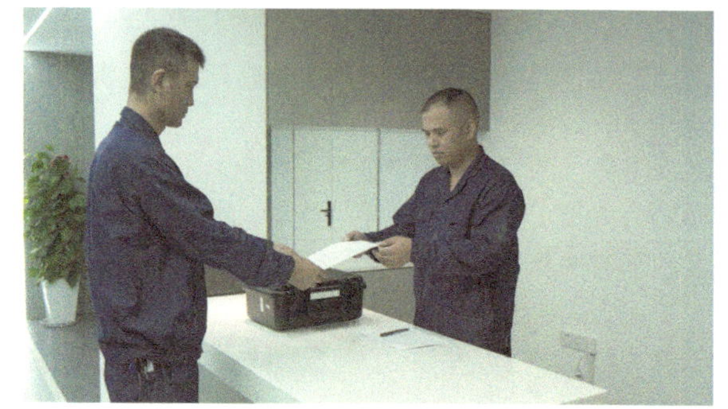

图4-3　设备领用

4.3.3 设备检查

（1）检查无人机本体及电池、桨叶、存储卡等配件状况，判断其是否满足作业条件，提前开机自检，如图 4-4、图 4-5、图 4-6 和图 4-7 所示。

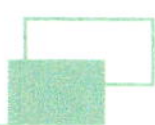

图4-4　设备检查

图4-5　检查无人机

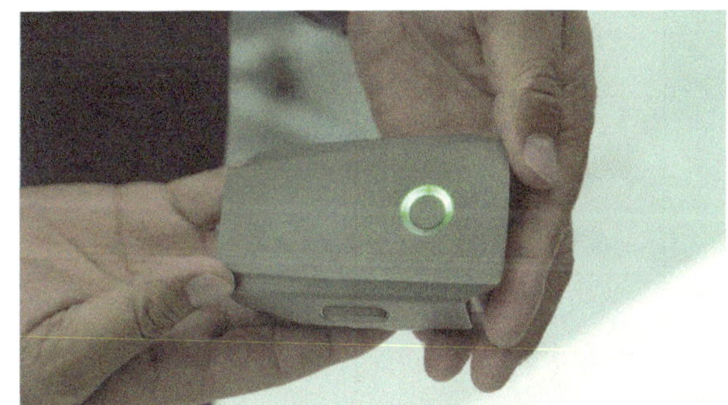

图4-6　检查电池

图4-7　检查遥控器

（2）准备并打印需要巡检作业的架空线路单线图，如图 4-8 所示。

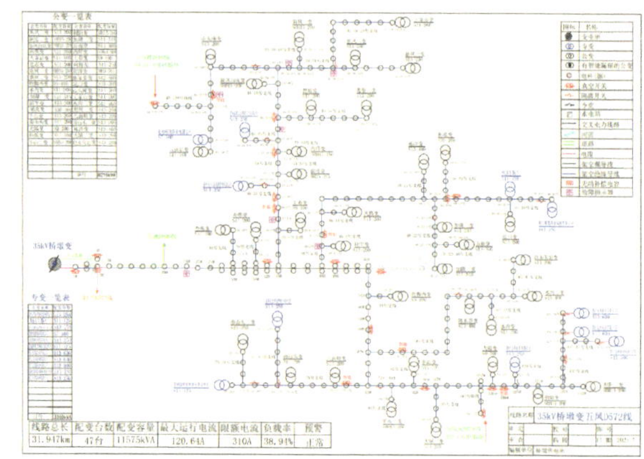

图4-8　架空线路单线

4.4 现场作业前准备

4.4.1　现场环境确认

（1）检查是否有临时变更的禁飞区域，飞行是否影响周边相关部门，如图 4-9 所示。

图4-9　现场环境确认

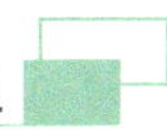

（2）天气观测：天气应为非雨、雪、雾、大风天气，现场风速应小于 5 级，如图 4-10 和图 4-11 所示。

图4-10　天气观测

图4-11　检测风速

（3）环境观察：作业线路周围是否有可能影响信号传输的建筑、高山等遮挡物，如图 4-12 所示。

图4-12　环境观察

（4）确认现场作业范围内有适合无人机起飞和降落的地点，如图 4-13 所示。

图4-13　确定起降点

4.4.2 站班会

作业开始前，应进行站班会，开展“三交三查”。“三交”是交任务、交安全、交措施；“三查”是查工作着装、查精神状态、查个人安全用具。检查完毕后履行许可手续。现场站班会如图 4-14 所示。

图4-14　现场站班会

4.4.3 无人机组装及检查

（1）飞手按步骤安装无人机：展开无人机机臂，安装桨叶；展开遥控器天线；检查确认电池及遥控器电池电量，安装无人机电池。步骤如图 4-15、图 4-16 和图 4-17 所示。

图4-15　展开机臂

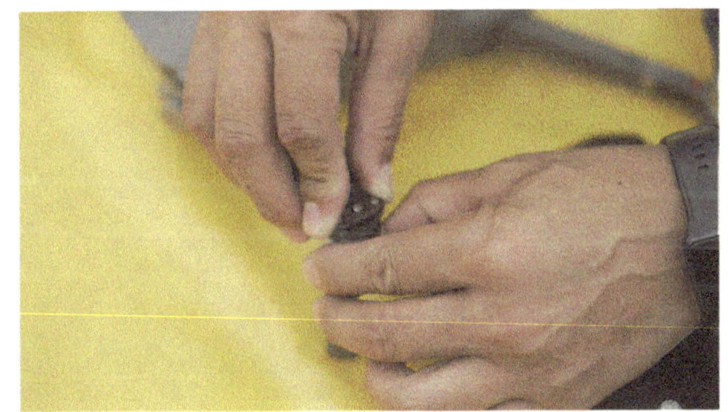

图4-16　安装桨叶

图4-17　安装电池

（2）无人机放置在起降点上，通过“短按 + 长按”的方法，开启遥控器电源；以相同方式开启无人机电源；进入移动端 App（浙江配电）操作界面，检查确认飞行状态栏中无异常报错，检查摇杆模式，检查返航高度，检查确认飞行模式为 P 模式，测试拍摄功能是否正常，确认照片储存位置，检查确认无人机完成返航点刷新状态。如图 4-18、图 4-19 和图 4-20 所示。

图4-18　登录移动端App（浙江配电）

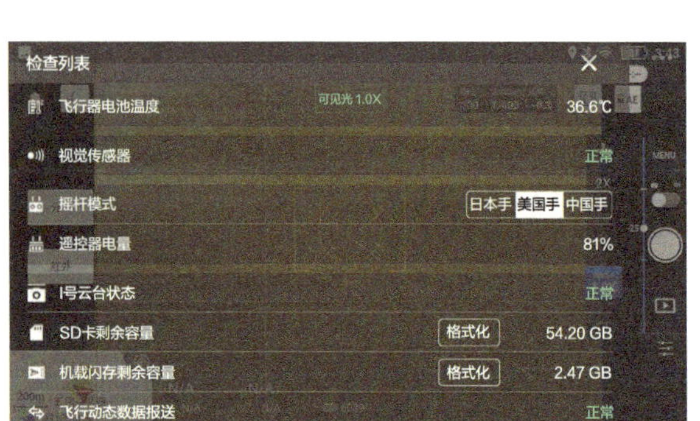

图4-19　检查各项状态

图4-20　无人机安全起飞准备完毕确认

4.5 飞行作业

4.5.1 任务加载

打开移动终端 App（浙江配电），选择供电服务指挥系统下发的相应任务，点击任务执行，如图 4-21 所示。

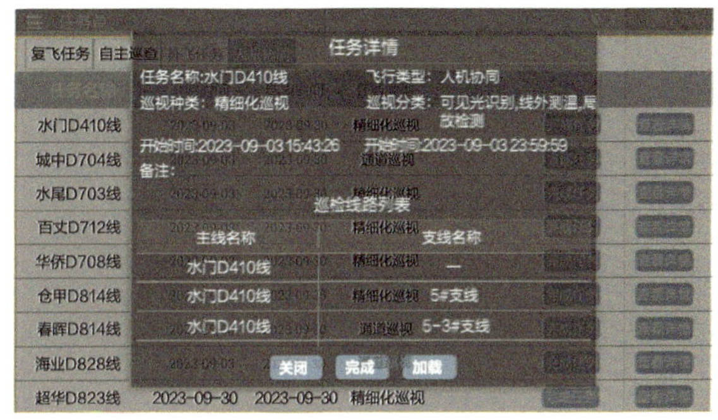

图4-21　任务加载

4.5.2 无人机解锁起飞

解锁启动无人机，起飞至飞手正前方（距离 2~3 米），如图 4-22 和图 4-23 所示。

图4-22　解锁启动无人机

图4-23　起飞至飞手正前方

4.5.3 飞向巡检目标

操作无人机上升至安全高度，确定杆塔位置后飞向杆塔，如图 4-24 和图 4-25 所示。

图4-24　无人机上升至安全高度

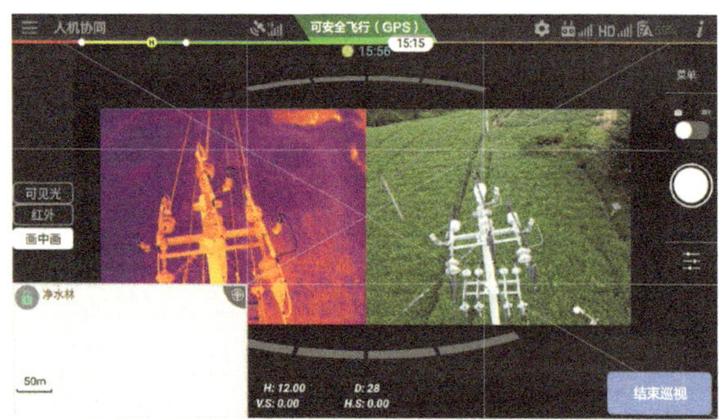

图4-25　飞向杆塔

4.5.4 巡检作业

飞手操作无人机飞至拍摄点，使无人机保持足够安全距离，切换至红外镜头画面，调整云台俯仰角及变焦倍数，使目标设备居中显示，进行对焦拍摄；拍摄完成后，飞至下一个拍摄目标。无人机应在飞手建议视距内进行作业，以确保安全，如图 4-26 和图 4-27 所示。

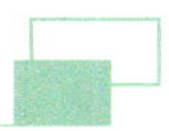

图4-26　操作无人机飞至拍摄点

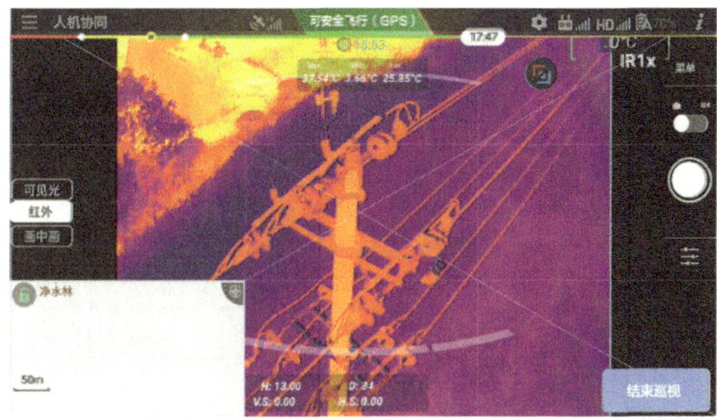

图4-27　目标设备居中显示

4.5.5 巡检内容及要求

利用无人机机载红外热像仪采集线路绝缘子、线夹、导线等设备带电运行的情况，发现架空配电线路设备异常发热缺陷，如表 4-2 和表 4-3 所示。

表4-2　巡检内容

编号	巡检对象		巡检内容	拍摄张数
1	线路本体	绝缘子	绝缘子温度异常	≥ 1 张
		导线	电气连接处	≥ 1 张
		引流线	电气连接处	≥ 1 张
		金具	线夹	≥ 1 张

续表

编号	巡检对象		巡检内容	拍摄张数
2	线路设备	柱上开关	桩头及电气连接处	≥ 2 张
		跌落式熔断器	触点及电气连接处	≥ 2 张
		电缆终端头	电缆终端本体	≥ 1 张
		避雷器	电气连接处	≥ 1 张
3	通道及保护区电力	山火及火灾隐患	线路附近有烟火现象	≥ 1 张

表4-3 巡检要求

杆塔类型	照片张数 / 张	空间距离 /m	拍照位置	镜头角度
单回路直线杆	≥ 3	≥ 3	杆塔顶部	向下 60°~90°
			杆塔前侧	向下 45°
			杆塔后侧	向下 45°
单回路耐张、转角杆	≥ 3	≥ 5	杆塔顶部	向下 60°~90°
			杆塔前侧	向下 45°
			杆塔后侧	向下 45°
双回路直线杆	≥ 4	≥ 5	杆塔顶部上方左前侧	向下 45°
			杆塔顶部上方右前侧	向下 45°
			左后侧	向下 45°
			右后侧	向下 45°
			杆塔顶部	向下 90°

续表

杆塔类型	照片张数 / 张	空间距离 /m	拍照位置	镜头角度
双回路耐张、转角杆	≥ 4	≥ 5	杆塔顶部上方左前侧	向下 45°
			杆塔顶部上方右前侧	向下 45°
			左后侧	向下 45°
			右后侧	向下 45°
			杆塔顶部	向下 90°
终端杆	≥ 3	≥ 5	杆塔顶部	向下 60°~90°
			杆塔前侧	向下 45°
			杆塔后侧	向下 45°
开关设备（断路器、隔离开关、跌落式熔断器等）	≥ 3	≥ 5	设备前侧	45°
			设备后侧	45°
			正上方	60°~90°

4.6 飞行结束

根据现场作业环境条件，在降落点位置有两种返航方式可以选择：一是手动返航，二是自动返航。

4.6.1 手动返航

巡视完成后，飞手操控无人机上升至安全高度，查看无人机遥控器画面左下角小地图中无人机起降点位置，操控无人机飞至起降点位置，当距离地面 0.5m 时，将油门摇杆向下打到底，无人机缓慢下降至起降点，最后松开油门摇杆，如图 4-28、图 4-29、图 4-30 和图 4-31 所示。

图4-28　查看无人机起降点位置

图4-29　操控无人机飞至起降点位置

图4-30　将油门摇杆向下打到底

图4-31　无人机缓慢下降至起降点

4.6.2 自动返航

巡视完成，点击“自动返航”按键或选择“自动返航”选项滑动后，无人机将自动上升至安全高度，沿既定返航高度直线飞行至起降点位置上方后自动降落。自动返航时，注意根据现场环境条件，在移动端 App 设置好返航高度，返航高度高于周边建筑物、构筑物等，如图 4-32 和图 4-33 所示。

图4-32　一键返航

图4-33　自动返航界面

4.7 作业完成

4.7.1 任务提交

无人机降落后，在任务列表中选择刚执行的巡检作业架次，点选提交任务。根据现场工作需求确定是否由

App即刻执行“航飞图片上传”任务，如图4-34和图4-35所示。如现场不执行“航飞图片上传”，后续图片上传操作见4.7.2所述。

图4-34　任务提交

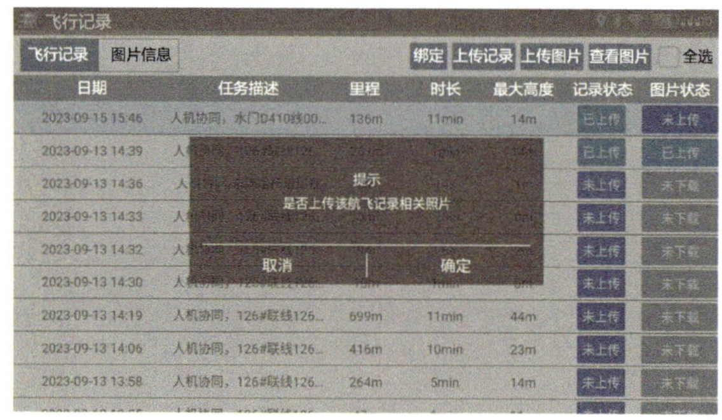

图4-35　图片上传界面

4.7.2 上传巡检照片

巡检记录上传，提交任务后，在飞行记录中选择刚才执行的巡检作业架次，点选“查看图片”按钮；待图片加载完成后返回飞行记录界面，点选“上传图片”按钮（上传图片、下载图片如报错：上传失败、下载失败，重启无人机、遥控器即可）。如图4-36和图4-37所示。

图4-36　App查看图片界面

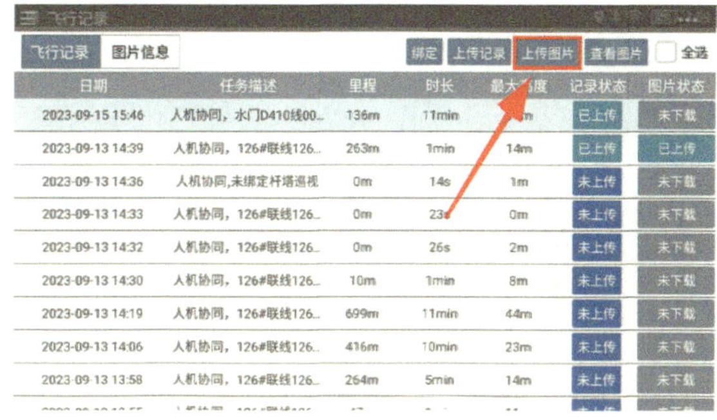

图4-37　App上传图片界面

4.7.3 设备收回

按照设备出库清单，将无人机、配件设备一并收回，如图 4-38 和图 4-39 所示。

4.7.4 终结无人机作业任务单

根据此架次巡检作业实际情况，终结无人机作业任务，如图 4-40 所示。

图4-38　无人机收回

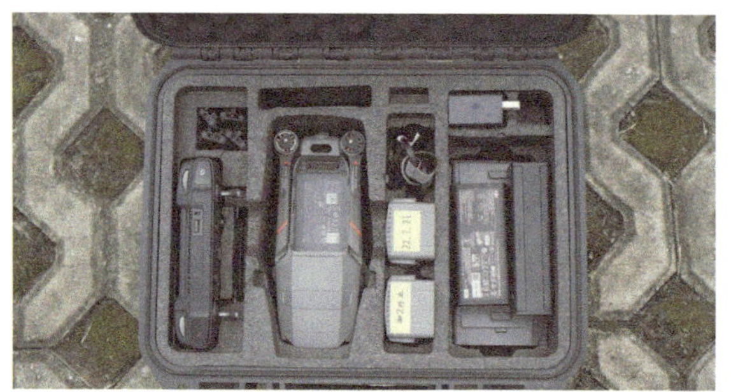
图4-39　无人机整理完成

图4-40　任务单终结

4.8 资料归档

4.8.1 导出照片

作业全部结束后，无人机飞手将数据存储卡通过读卡器连接至电脑，将巡检照片导出，如图 4-41 和图 4-42 所示。

图4-41　读卡器连接电脑

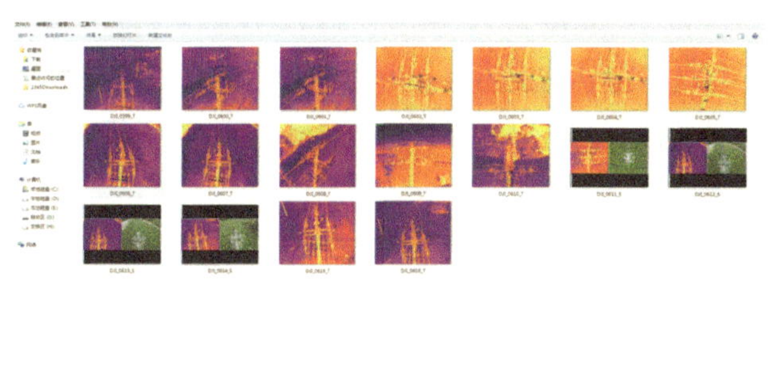

图4-42　导出红外图片

4.8.2 照片命名归档

巡检照片导出后，按规范格式重命名并归档。命名需体现设备双重名称、杆塔拍摄位置信息，如为双回路 /

多回路同杆架设线路，需在照片命名中标注，以便后续检索。

参考命名格式如下（各公司可根据内部配电网线路命名规范调整）。

（1）单回路正线：[××$××× 线]+[××$×××× 线]（二级正线，如有）+[××# 杆]+[小号侧 / 杆顶 / 大号侧]。

例 1：陈和 H696 线 1# 杆小号侧

例 2：农校 H806 线卫玉 H0863 线 1# 杆大号侧

（2）双回路正线：[××$××× 线]（第一条线路）+[××$××× 线]（第二条线路）+[××$×××× 线]（第一条线路二级正线，如有）、[××$×××× 线]（第二条线路二级正线，如有）+[××# 杆]+[小号侧 / 杆顶 / 大号侧]。

例 1：三白 G371 线、隔河 G381 线 1# 杆小号侧

例 2：吴山 H795 线网琪 H785 线、桥家 H7954 线通网 H7854 线 1# 杆大号侧

（3）分支线路：[××$××× 线]+[×××× 分线]+[××# 杆]+[小号侧 / 杆顶 / 大号侧]。

例 1：桥鱼 H689 线萝荡里分线 5# 杆大号侧

图片命名归档如图 4-43 所示。

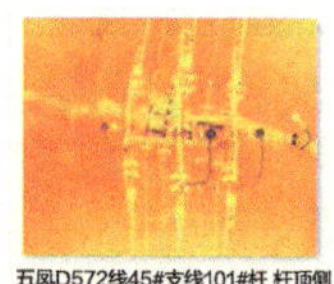

图4-43　图片命名归档

第 5 章 配电网无人机架空线路故障巡视

5.1 作业概况

配电网无人机故障巡视是在架空配电线路发生故障时，根据配电网自动化系统研判信息确定故障区域及故障类型，对故障区域开展无人机巡视的作业，通过无人机巡视快速定位架空配电线路的故障点位置，实现抢修效率提升。

5.2 作业条件

5.2.1 空域环境

（1）开展架空配电线路无人机作业应遵守《无人驾驶航空器飞行管理暂行条例》（国务院、中央军事委员会令第 761 号）及其他相关国家法律法规与地方政策，规范化使用空域。

（2）未经空中交通管制批准，无人机不得在空中危险区、空中禁区、空中限制区飞行。

（3）执行作业任务前，有关部门应按照有关流程办理空域申请手续。

5.2.2 气象条件

在以下气象条件下，不宜开展配电网无人机故障巡视作业。

（1）能见度小于 300m 的天气情况。

（2）5 级以上大风或阵风。

（3）雾、雪、大雨、大风、冰雹等恶劣天气不利于飞行作业的情况时，不应开展无人机作业，已开展的作业应及时终止。

5.2.3 作业现场环境

（1）作业前，应提前勘察、判断作业环境是否满足无人机起降要求。

（2）作业人员应熟悉掌握飞行作业线路情况。

（3）作业现场应远离爆破、射击、烟雾、火焰、机场、铁路、人群密集、高大建筑、军事管辖、无线电干扰等可能影响无人机飞行的区域。无人机不宜在变电站（所）、电厂上空穿越。

（4）无人机的起降点应与配电线路和其他设备及附属设施保持足够的安全距离，具备起降条件。

（5）作业前，无人机应预先勘察好紧急情况下的安全降落地点。

（6）无人机起飞和降落时，作业人员应与其始终保持足够的安全距离，不应站在无人机航线的正下方。

（7）作业人员划定作业区域，确保其不受外部环境干扰，必要时，可在现场设置安全围栏。

（8）作业现场不应使用可能对无人机通信链路造成干扰的电子设备。

（9）应在作业环境内有信号塔、居民城区信号干扰较多的地区减少超视距飞行。

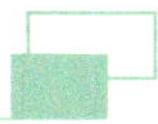

（10）作业区域处于狭长地带或大档距、大落差等特殊区域时，作业人员应根据无人机的性能及气象情况判断是否开展作业。

5.2.4 人员情况

（1）作业人员需熟悉配电网无人机作业系统，取得《无人驾驶航空器飞行管理暂行条例》（国务院、中央军事委员会令第 761 号）规定的相应驾驶员资质证。

（2）作业人员包括工作负责人（一名）和工作班成员，工作班成员至少包括一名无人机驾驶员（飞手），必要时应增设无人机观测员岗。

5.3 故障巡视计划建立及设备领用

5.3.1 建立故障巡视计划

作业前，通过供电服务指挥系统派发故障巡视计划至移动端 App（浙江配电），如图 5-1 所示。根据作业任务开具工作任务单，如表 5-1 所示。（本作业机型以大疆御 2 无人机为例）

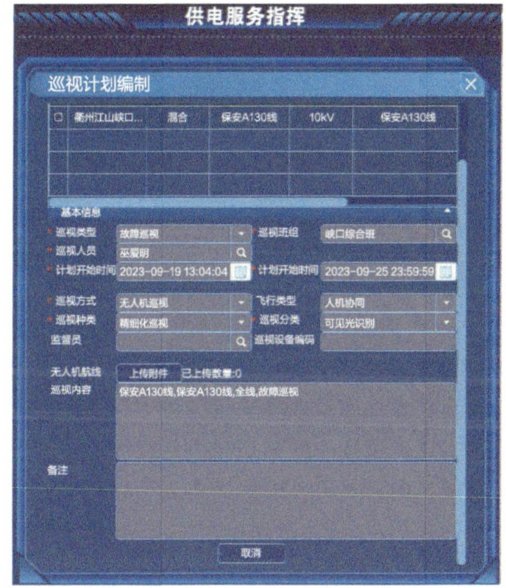

图5-1　建立故障巡视计划

表5-1　工作任务单

<table>
<tr><td>单位：××××××</td><td>编号：2023-09-13-GZ-01</td></tr>
<tr><td colspan="2">1. 工作负责人：×××　　　　　　工作许可人：×××</td></tr>
<tr><td colspan="2">2. 工作班
工作班成员（不包括工作负责人）：×××</td></tr>
<tr><td colspan="2">3. 作业性质：
通道巡检（　）精细化巡检（　）工程验收（　）自主巡检（　）故障巡检（√）特殊巡检（　）应急照明（　）</td></tr>
<tr><td colspan="2">4. 无人机巡检系统型号及组成：御 2 Zoom</td></tr>
<tr><td colspan="2">5. 使用空域范围：10kV 保安 ××× 线</td></tr>
<tr><td colspan="2">6. 工作任务：10kV 保安 ××× 线 7#~16# 杆故障巡视</td></tr>
<tr><td colspan="2">7. 安全措施（必要时可附页绘图说明）
7.1 飞行巡检安全措施
①确认气象条件是否满足无人机起降条件；
②检查起降点周围环境，确认满足起飞条件。
7.2 安全策略：设置电量低于 30% 自动返航。
7.3 其他安全措施和注意事项
①如遇雷、雨、大风天气应停止作业，无人机立即返航就近降落；
②工作人员操作前 8 小时内不得饮酒；
③起飞和降落时，现场所有人员应与无人机保持足够的安全距离（5m）。
7.4 上述 1~6 项由工作负责人____根据工作任务布置人____的布置填写。</td></tr>
</table>

<table>
<tr><td>8. 许可方式及时间
许可方式：当面通知
许可时间：____年____月____日____时____分至____年____月____日____时____分</td></tr>
<tr><td>9. 作业情况
作业自____年____月____日____时____分开始，于____年____月____日____时____分，无人机撤收完毕，现场清理完毕，作业结束。
工作负责人于____年____月____日____时____分 向工作许可人 用当面报告方式汇报。
无人机巡检系统状况：良好</td></tr>
<tr><td>工作负责人（签名）：×××　　　　　　工作许可人：×××</td></tr>
<tr><td>填写时间：____年____月____日____时____分</td></tr>
</table>

5.3.2 设备领用

凭工作任务单前往无人机库房领取相关无人机设备及配件，写明无人机及相关配件型号、数量（御 2 无人机一架，电池若干、桨叶若干），做好交接，当面清点领用物品，记录并签名，作业完成后及时归还，如图 5-2 和图 5-3 所示。

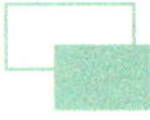

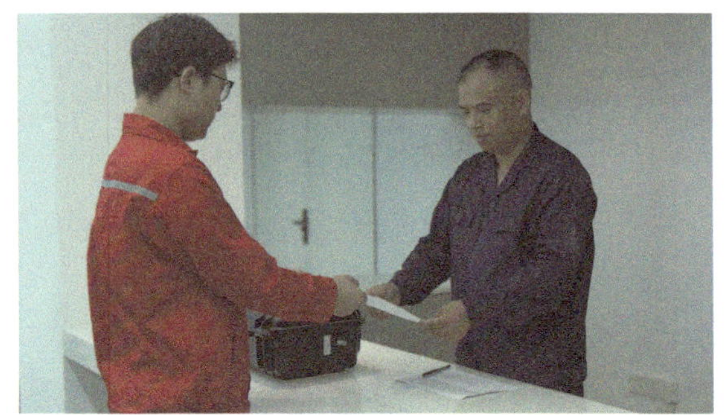

图5-2　凭任务单领取设备

图5-3　确定无人机设备

5.3.3 设备检查

（1）外观检查：检查无人机外观是否完好，无明显损坏或裂纹；检查桨叶是否完好。

（2）电池检查：检查无人机电池的电量是否充足，并确保电池没有明显的损坏。

（3）遥控器检查：检查无人机遥控器电量是否充足、能否工作正常，按钮、摇杆是否灵敏、无卡滞现象。

（4）无人机系统检查：图传、数传是否正常；软件版本是否需要更新；检查 GPS 和导航系统是否准确，确保无人机能够定位自身位置并规划飞行路径。

设备检查如图 5-4、图 5-5、图 5-6 和图 5-7 所示。

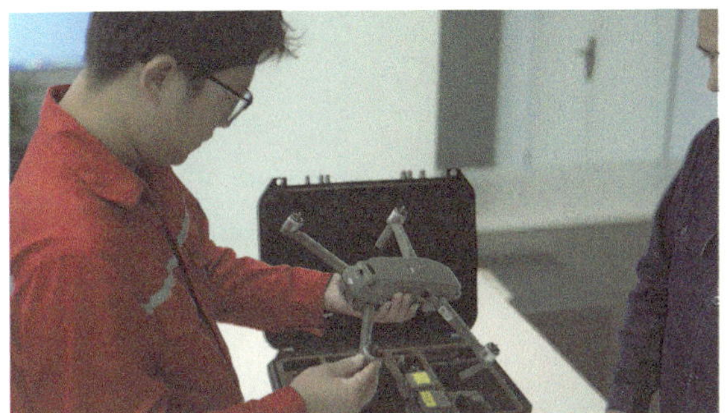

图5-4　外观检查

图5-5　电池检查

图5-6　遥控器检查

图5-7　无人机系统检查

5.4 现场作业前准备

5.4.1 现场环境勘察

（1）检查现场是否有临时变更的禁飞区域，飞行是否影响周边相关部门，如图 5-8 所示。

（2）观测天气：天气应为非雨、雪、大风天气，现场风速应小于 5 级，如图 5-9 所示。

图5-8　现场环境勘察

图5-9　观测天气

（3）环境观察：作业线路周围是否有可能影响信号传输的建筑、高山等遮挡物，如图 5-10 所示。

（4）确认现场作业范围内应有适合无人机的起飞和降落地点，如图 5-11 所示。

图5-10　环境观察

图5-11　确定起降点

5.4.2 站班会

作业开始前，应进行站班会，开展“三交三查”工作。“三交”是交任务、交安全、交措施；“三查”是查工作着装、查精神状态、查个人安全用具。检查完毕后履行许可手续。站班会如图 5-12 所示。

图5-12　站班会

5.4.3 现场设备准备

（1）按步骤安装无人机，展开无人机机臂，安装并展开桨叶，展开遥控器天线，检查确认电池及遥控器电池电量，安装无人机电池。如图 5-13 和图 5-14 所示。

图5-13　安装并展开桨叶

图5-14　安装电池

（2）无人机放置在起降点上，通过"短按 + 长按"的方法，开启遥控器电源；以相同方式开启无人机电源；进入移动端 App（浙江配电）操作界面，检查确认飞行状态栏中无异常报错，检查摇杆模式，检查返航高度，检查确认飞行模式为 P 模式，测试拍摄功能是否正常，确认照片储存位置，检查确认无人机完成返航点刷新状态。如图 5-15、图 5-16、图 5-17 和图 5-18 所示。

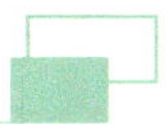

图5-15　开启遥控器电源

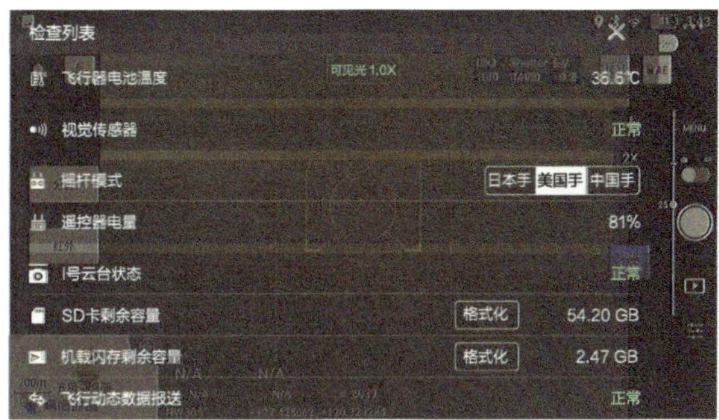

图5-16　检查飞行状态

图5-17　测试拍摄功能

图5-18　检查确认无人机完成返航点刷新状态

5.5 故障巡视作业

5.5.1 无人机解锁起飞

启动电机，查看桨叶旋转后，摇杆回中，此时可以向上推油门杆起飞无人机。继续操作无人机油门杆，无人机上升至安全高度，调整无人机朝向，寻找故障范围杆塔，确定杆塔位置后可向前飞向杆塔。如图 5-19、图 5-20 和图 5-21 所示。

图5-19　无人机上升至安全高度

图5-20　寻找故障范围杆塔

图5-21　飞向故障范围杆塔

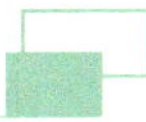

5.5.2 进入巡视位置进行故障巡视

（1）由抢修巡视负责人辅助配电网无人机故障巡视，配合飞手完成安全飞行，同时观察遥控器图传画面，记录巡视情况，分析线路巡视情况，并将信息反馈上级部门。

（2）操作无人机飞至最小故障范围进行巡视，无人机高于杆塔，高度要求保持 2m 以上，调整云台俯仰角及变焦倍数，使目标设备居中显示（见图 5-22）。若发生重大故障，可通过无人机管控平台将无人机的实时图传画面传回至无人机管控室，后台技术人员通过实时视频查看现场故障巡视作业情况，现场无人机巡视人员和后台专家可通过云对讲平台实时沟通，便于专家及时发现、判断缺陷。

图5-22　目标设备居中显示

5.5.3 故障巡视方法

首先进行故障区域内杆塔的通道巡视，判断是否为树障或异物问题。若有明显树障问题或三相导线异物缠绕以及导线断线情况，结合配电自动化四区系统的故障研判，可快速判断故障发生点。若排除树障及导线异物或明显引线断线故障，再进行杆塔精细化巡视，无人机原则上按照从小号侧至大号侧顺序沿着线路的方向巡视。巡视发现故障点后，对故障点进行多角度拍摄，以便现场和后台分析，拍摄资料留存作为故障分析报告材料。

抢修巡视负责人及时将受损情况和抢修所需材料情况向上级部门汇报。

故障巡视主要内容如表 5-2 所示。

表5-2　故障巡视主要内容

编号	巡视内容	要求
1	线路通道	检查故障区域线路通道无树障
2	导线	检查三相导线不应有缺股、断股、松股、折叠及破损；未有明显的腐蚀
3	绝缘子	检查绝缘子是否有雷击痕迹或破损
4	跌落式熔断器	瓷件有无裂纹、闪络、破损及脏污；熔丝管有无起层、炭化、弯曲、变形；触头间接触是否良好，有无过热、烧损、熔化现象；各部件的组装是否良好，有无松动、脱落；引线接点连接是否良好，与各部件间距是否合适；安装是否牢固，相间距离、倾斜角是否符合规定；操动机构是否灵活，有无锈蚀现象
5	防雷设施	避雷器绝缘伞裙无硬伤、老化、裂纹、脏污、闪络；避雷器固定牢固，无歪斜、松动；引线连接牢固，上下压线无开焊、脱落，接头无锈蚀；引线与相邻杆塔构建距离符合规定；附件无锈蚀，接地端焊接无开裂脱落
6	柱上开关	外壳有无渗油、漏油或锈蚀现象；套管有无破损、裂纹、严重脏污和闪络放电的痕迹；引线接点和接地是否良好；线间和对地距离是否足够；断路器分、合位置指示是否正确、清晰
7	变压器	套管是否清洁，有无裂纹、损伤、放电痕迹；各个电气连接点有无锈蚀、过热或烧损现象；外壳有无脱漆、锈蚀；焊口有无裂纹、渗油；接地是否良好；各部密封垫有无老化、开裂、缝隙，有无渗漏油现象；各部螺栓是否完整、有无松动

5.6 故障巡视作业完成，无人机返航

根据现场作业环境条件，在降落点位置有两种返航方式可以选择：一是手动返航，二是自动返航。

5.6.1 手动返航

故障巡视完成后，飞手操控无人机上升至安全高度，查看无人机遥控器画面左下角小地图中无人机起降点位置，控制无人机机头朝向起降点飞回，在可视范围内操控无人机至起降点位置上方后降落。手动返航如图 5-23 和图 5-24 所示。

图5-23　查看无人机起降点位置

图5-24　操控无人机朝向起降点

5.6.2 自动返航

故障巡视完成后，点击“自动返航”按键或选择“自动返航”选项并滑动，无人机将自动上升至安全高度，沿既定返航高度直线飞行至起降点位置上方，然后自动降落。

自动返航时，应注意以下要点。

自动返航设置：根据巡视现场环境条件，在移动端 App（浙江配电）设置好返航高度，返航高度高于周边建筑物、构筑物等。如图 5-25 和图 5-26 所示。

图5-25　一键返航

图5-26　返航降落

5.6.3 降落无人机

无人机降落至起降点位置上方，当距离地面 0.5m 时，飞手将油门摇杆向下打到底，无人机缓慢下降至起降

点，最后松开油门摇杆。如图 5-27 和图 5-28 所示。

图5-27　无人机降落至起降点位置上方

图5-28　油门摇杆操作

5.7 故障巡视作业任务完成

5.7.1 故障巡视作业任务提交

无人机降落后，在任务列表中选择刚才执行的故障巡视作业架次，点选“上传记录”按钮，完成提交任务，如图 5-29 所示。如果此线路故障巡视任务未完整执行，先不提交任务。

飞行记录

飞行记录　图片信息　　绑定　上传记录　上传图片　查看图片　全选

日期	任务描述	里程	时长	最大高度	记录状态	图片状态
2023-09-19 13:30	人机协同，保安A130线96…	177m	2min	32m	已上传	未上传
2023-07-17 10:06	精细巡视，蔡青4557线37…	220m	2min	26m	已上传	未下载
2023-07-17 10:03	精细巡视，蔡青4557线37…	205m	2min	26m	已上传	未下载
2023-07-17 10:02	精细巡视，蔡青4557线37…	10m	15s	4m	已上传	未下载
2023-07-15 10:35	精细巡视，蔡青4557线39…	225m	3min	31m	已上传	未下载
2023-07-15 10:28	精细巡视，蔡青4557线39…	198m	2min	26m	已上传	未下载
2023-07-15 10:23	精细巡视，蔡青4557线39…	170m	2min	26m	已上传	未下载
2023-06-20 15:18	精细巡视，浮桥头支线1 …	831m	4min	30m	已上传	未下载
2023-06-20 15:12	精细巡视，浮桥头支线1 …	710m	4min	40m	已上传	未下载

图5-29　飞行记录上传

5.7.2 上传故障巡视照片

巡检记录上传，提交任务后，在任务列表中选择刚才执行的故障巡视作业架次，点选“查看图片”按钮；待图片加载完成后返回飞行记录界面，点选“上传图片”按钮，如图5-30、图5-31和图5-32所示。（上传图片、下载图片如报错：上传失败、下载失败，重启无人机、遥控器即可）。

图5-30　查看巡视照片

图5-31　巡视照片

图5-32　上传巡视照片

5.7.3 故障点照片导出

故障点照片应现场导出，巡检记录上传，提交任务，上传图片后，巡视所拍摄的照片已在手机图库中存储，

抢修巡视负责人根据“手机存储—ugrid 浙江省配电网—航飞图片”路径找到对应的照片（见图 5-33），将故障点现场照片及故障情况反馈至抢修班组。

图5-33　手机储存巡视照片路径

5.8 巡视完成，整理设备，终结任务

无人机电机停止转动后，飞手按压电池上的开关，顺序为短按一次，长按一次，关闭无人机电源，再用相同方式关闭遥控器电源，整理无人机设备，确认现场无遗留物后，工作负责人将配电网故障巡视工作任务单终结。如图 5-34、图 5-35 和图 5-36 所示。

图5-34　整理无人机设备

图5-35　无人机装箱

图5-36　终结工作任务

5.9 资料归档

5.9.1 巡视数据导出

巡视完成后，可通过两种方式将巡视数据导出。

（1）无人机可以通过数据线连接电脑导出照片数据：打开无人机电源，无人机使用 type-c 接口数据线连接电脑（见图5-37），可在电脑中查到无人机数据文件夹，下载数据。

（2）取出无人机存储卡（见图 5-38），通过读卡器连接电脑，导出数据。

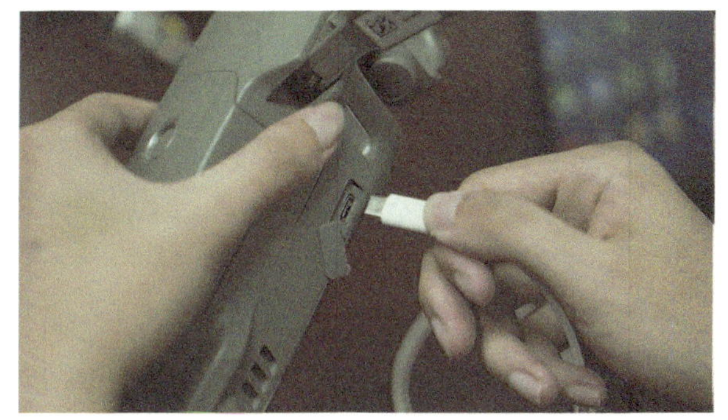

图5-37　无人机连接电脑

5.9.2 巡视照片命名归档

导出故障巡视照片后，对故障点位置的照片命名标注后留存作为故障分析报告材料。命名需体现设备双重名称、杆塔拍摄位置信息，如为双回路 / 多回路同杆架设线路，需在照片命名中标注，以便后续检索。

参考命名格式如下（各公司可根据内部配电网线路命名规范调整）。

（1）单回路正线：[××$××× 线]+[××$×××× 线]

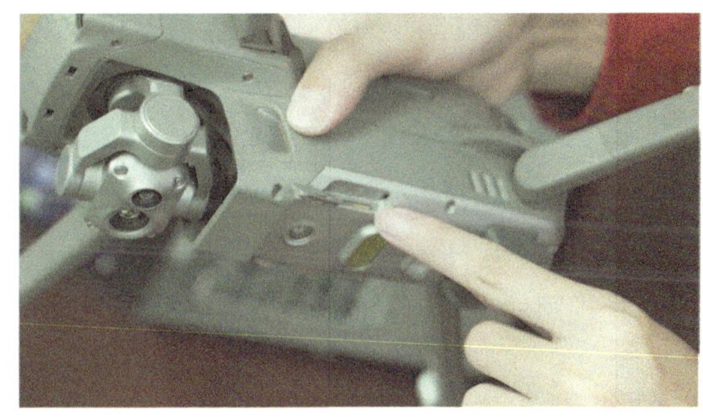

图5-38　无人机存储卡位置

（二级正线，如有）+[××#杆]+[小号侧/杆顶/大号侧]。

例1：陈和H696线1#杆小号侧

例2：农校H806线卫玉H0863线1#杆大号侧

（2）双回路正线：[××$×××线]（第一条线路）+[××$×××线]（第二条线路）+[××$××××线]（第一条线路二级正线，如有）、[××$××××线]（第二条线路二级正线，如有）+[××#杆]+[小号侧/杆顶/大号侧]。

例1：三白G371线、隔河G381线1#杆小号侧

例2：吴山H795线网琪H785线、桥家H7954线通网H7854线1#杆大号侧

（3）分支线路：[××$×××线]+[××××分线]+[××#杆]+[小号侧/杆顶/大号侧]。

例1：桥鱼H689线萝荡里分线5#杆大号侧

巡视照片命名如图5-39所示。

10kV_保安A130线_54#_大号测

10kV_保安A130线_54#_塔头

10kV_保安A130线_54#_通道

10kV_保安A130线_54#_小号侧

图5-39 巡视照片命名

5.10 无人机归还

数据导出后，简单清洁无人机设备，将设备归还入库，如图 5-40 和图 5-41 所示。

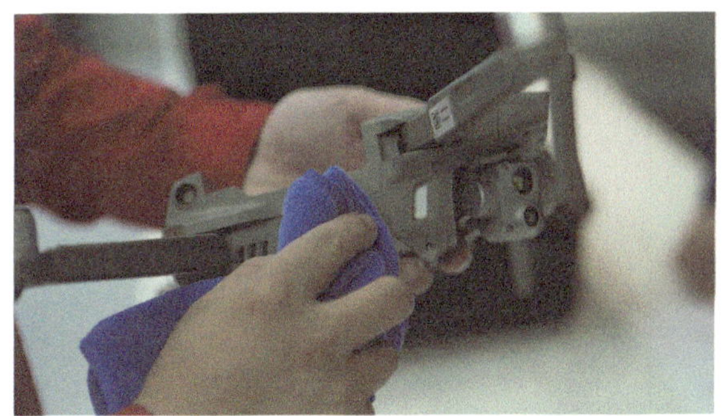

图5-40　清理无人机设备

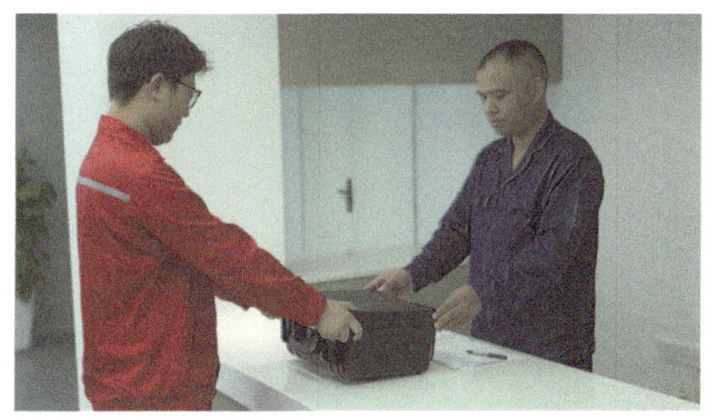

图5-41　归还无人机设备